平法钢筋翻样与下料细节详解

第 2 版

田立新　主编

机 械 工 业 出 版 社

本书依据《16G101-1》《16G101-2》《16G101-3》新图集以及国家标准《中国地震动参数区划图》（GB 18306—2015）、《混凝土结构设计规范（2015年版）》（GB 50010—2010）、《建筑抗震设计规范》（GB 50011—2010）及2016年局部修订的规范进行编写，主要包括平法钢筋基本知识、钢筋翻样与下料基本知识、梁钢筋翻样与下料、柱钢筋翻样与下料、板钢筋翻样与下料、剪力墙钢筋翻样与下料、楼梯钢筋翻样与下料、筏形基础钢筋翻样与下料等内容。其主要内容都以细节中的要点详细阐述，表现形式新颖，易于理解，便于执行，方便读者抓住主要问题及时查阅和学习。本书内容丰富、通俗易懂、操作性与实用性强、简明实用，本书可供设计人员、施工技术人员、工程监理人员、工程造价人员以及相关专业大中专院校的师生学习参考。

图书在版编目（CIP）数据

平法钢筋翻样与下料细节详解/田立新主编. —2版. —北京：机械工业出版社，2017.7（2020.8重印）

ISBN 978-7-111-56863-6

Ⅰ.①平… Ⅱ.①田… Ⅲ.①建筑工程-钢筋-工程施工②钢筋混凝土结构-结构计算 Ⅳ.①TU755.3②TU375.01

中国版本图书馆CIP数据核字（2017）第110082号

机械工业出版社（北京市百万庄大街22号 邮政编码100037）
策划编辑：闫云霞 责任编辑：闫云霞 责任校对：佟瑞鑫
封面设计：张 静 责任印制：郜 敏
涿州市京南印刷厂印刷
2020年8月第2版第5次印刷
184mm×260mm · 9印张 · 212千字
标准书号：ISBN 978-7-111-56863-6
定价：29.00元

凡购本书，如有缺页、倒页、脱页，由本社发行部调换

电话服务
服务咨询热线：010-88361066
读者购书热线：010-68326294
010-88379203

网络服务
机 工 官 网：www.cmpbook.com
机 工 官 博：weibo.com/cmp1952
金 书 网：www.golden-book.com
教育服务网：www.cmpedu.com

《平法钢筋翻样与下料细节详解》编写人员

主　编　田立新

编　委　（按姓氏笔画排序）

王红微　白雅君　冯义显　巩晓东
刘艳君　孙石春　孙丽娜　李　瑞
何　影　张文权　张　敏　张黎黎
高少霞　隋红军　董　慧

前　言

钢筋翻样，是建筑工地的技术人员、钢筋工长或班组长，把建筑施工图和结构图中各种各样的钢筋样式、规格、尺寸以及所在位置，按照国家设计施工规范的要求，详细的拉出清单，画出组装结构图，作为作业班组进行生产制做装配的依据。当前我国建筑工程中，框架结构、剪力墙结构、框剪结构所占比重甚大，钢筋工程显得尤为重要。而作为钢筋工程的主要从业者——钢筋翻样人员，其在工程施工、结算对量中更是不可或缺。一个优秀的钢筋翻样人员，不管在工程的前期设计还是中期施工、后期对量，都起着重要的作用，其作为图样会审的主要成员，施工的直接策划、管理者，后期对量的直接操作者，全程参与到工程的每一个细节，其水平高下直接决定了工程的质量、安全以及人力、物力的节约还是浪费。钢筋翻样人员在工程中承上启下的重要角色。基于此，我们组织编写了本书。

本书依据《16G101-1》《16G101-2》《16G101-3》新图集以及国家标准《中国地震动参数区划图》（GB 18306—2015）、《混凝土结构设计规范（2015 年版）》（GB 50010—2010）、《建筑抗震设计规范》（GB 50011—2010）及 2016 年局部修订的规范进行编写，主要包括平法钢筋基本知识、钢筋翻样与下料基本知识、梁钢筋翻样与下料、柱钢筋翻样与下料、板钢筋翻样与下料、剪力墙钢筋翻样与下料、楼梯钢筋翻样与下料、筏形基础钢筋翻样与下料等内容。其主要内容都以细节中的要点详细阐述，表现形式新颖，易于理解，便于执行，方便读者抓住主要问题及时查阅和学习。本书内容丰富、通俗易懂、操作性与实用性强、简明实用，本书可供设计人员、施工技术人员、工程监理人员、工程造价人员以及相关专业大中专院校的师生学习参考。

本书在编写过程中参阅和借鉴了许多优秀书籍、专著和有关文献资料，并得到了有关领导和专家的帮助，在此一并致谢。由于编者的学识和经验所限，虽经编者尽心尽力但书中仍难免存在疏漏或未尽之处，敬请有关专家和读者予以批评指正。

编　者

2017.01

目　　录

第1章　平法钢筋基本知识

细节：平法的概念

混凝土结构施工图平面整体表示方法（简称平法），对目前我国混凝土结构施工图的设计表示方法作了重大改革，被国家科委和原建设部列为科技成果重点推广项目。

平法的表达形式，概括来讲，就是把结构构件的尺寸和配筋等，按照平面整体表示方法制图规则，整体直接表达在各类构件的结构平面布置图上，再与标准构造详图相配合，即构成一套新型完整的结构设计。改变了传统的那种将构件从结构平面布置图中索引出来，再逐个绘制配筋详图、画出钢筋表的烦琐方法。

按平法设计绘制的施工图，一般是由两大部分构成，即各类结构构件的平法施工图和标准构造详图，但对于复杂的工业与民用建筑，尚需增加模板、预埋件和开洞等平面图。只有在特殊情况下才需增加剖面配筋图。

按平法设计绘制结构施工图时，应明确下列几个方面的内容：

（1）必须根据具体工程设计，按照各类构件的平法制图规则，在按结构（标准）层绘制的平面布置图上直接表示各构件的配筋、尺寸和所选用的标准构造详图。出图时，宜按基础、柱、剪力墙、梁、板、楼梯及其他构件的顺序排列。

（2）应将所有构件进行编号，编号中含有类型代号和序号等。其中，类型代号的主要作用是指明所选用的标准构造详图；在标准构造详图上，已经按其所属构件类型注明代号，以明确该详图与平法施工图中相同构件的互补关系，使两者结合构成完整的结构设计图。

（3）应当用表格或其他方式注明包括地下和地上各层的结构层楼（地）面标高、结构层高及相应的结构层号。

在单项工程中其结构层楼面标高和结构层高必须统一，以确保基础、柱与墙、梁、板等用同一标准竖向定位。为了便于施工，应将统一的结构层楼面标高和结构层高分别放在柱、墙、梁等各类构件的平法施工图中。

注：结构层楼面标高是指将建筑图中的各层地面和楼面标高值扣除建筑面层及垫层做法厚度后的标高，结构层号应与建筑楼面层号对应一致。

（4）按平法设计绘制施工图，为了能够保证施工员准确无误地按平法施工图进行施工，在具体工程的结构设计总说明中必须写明下列与平法施工图密切相关的内容：

1）选用平法标准图的图集号。

2）混凝土结构的使用年限。

3）写明抗震设防烈度及抗震等级，以明确选用相应抗震等级的标准构造详图。

4）写明各类构件在其所在部位所选用的混凝土的强度等级和钢筋级别，以确定相应纵向受拉钢筋的最小搭接长度及最小锚固长度等。

5）写明柱纵筋、墙身分布筋、梁上部贯通筋等在具体工程中需接长时所采用的接头形式及有关要求。必要时，尚应注明对钢筋的性能要求。

6）当标准构造详图有多种可选择的构造做法时，应写明在何部位选用何种构造做法。当没有写明时，则为设计人员自动授权施工员可以任选一种构造做法进行施工。

7）当对混凝土保护层厚度有特殊要求时，应写明不同部位的构件所处的环境类别在平面布置图上表示各构件配筋和尺寸的方式，分平面注写方式、截面注写方式和列表注写方式三种。

细节：平法的特点

六大效果验证“平法”科学性，从1991年10月“平法”首次运用于济宁工商银行营业楼，到此后的三年在几十项工程设计上的成功实践表明，“平法”的理论与方法体系向全社会推广的时机已然成熟。1995年7月26日，在北京举行了由原建设部组织的“《建筑结构施工图平面整体设计方法》科研成果鉴定”会，我国结构工程界的众多知名专家对“平法”的六大效果一致认同，这六大效果如下：

1. 掌握全局

“平法”使设计者容易进行平衡调整，易校审，易修改，改图可不牵连其他构件，易控制设计质量；“平法”能适应业主分阶段分层按图施工的要求，也能适应在主体结构开始施工后又进行大幅度调整的特殊情况。“平法”分结构层设计的图样与水平逐层施工的顺序完全一致，对标准层可实现单张图样施工，施工技术人员对结构比较容易形成整体概念，有利于施工质量管理。“平法”采用标准化的构造详图，形象、直观、易施工、易操作。

2. 更简单

“平法”采用标准化的设计制图规则，结构施工图表达符号化、数字化，单张图样的信息量较大并且集中；构件分类明确、层次清晰、表达准确、设计速度快，效率成倍提高。

3. 更专业

标准构造详图可集国内较可靠、成熟的常规节点构造之大成，集中分类归纳后编制成国家建筑标准设计图集供设计选用，可避免反复抄袭构造做法及伴生的设计失误，确保节点构造在设计与施工两个方面均达到高质量。另外，对节点构造的研究、设计和施工实现专门化提出了更高的要求。

4. 高效率

“平法”大幅度提高设计效率，能快速解放生产力，迅速缓解基本建设高峰时期结构设计人员紧缺的局面。在推广平法比较早的建筑设计院，结构设计人员与建筑设计人员的比例已明显改变，结构设计人员在数量上已经低于建筑设计人员，有些设计院结构设计人员只是建筑设计人员的1/4～1/2，结构设计周期明显缩短，结构设计人员的工作强度已显著降低。

5. 低能耗

“平法”大幅度降低设计消耗，降低设计成本，节约自然资源。平法施工图是定量化、有序化的设计图样，与其配套使用的标准设计图集可以重复使用，与传统方法相比图样量减少70%左右，综合设计工日减少2/3以上，每100000m^2设计面积可降低设计成本27万元，在节约人力资源的同时还节约了自然资源。

6. 改变用人结构

“平法”促进人才分布格局的改变，实质性地影响了建筑结构领域的人才结构。设计单位对工业与民用建筑专业大学毕业生的需求量已经明显减少，为施工单位招聘结构人才留出了相当空间，大量工业与民用建筑专业毕业生到施工部门择业逐渐成为普遍现象，使人才流向发生了比较明显的转变，人才分布趋向合理。随着时间的推移，高校培养的大批土建高级技术人才必将对施工建设领域的科技进步产生积极作用。促进人才竞争，“平法”促进结构设计水平的提高，促进设计院内的人才竞争。设计单位对年度毕业生的需求有限，自然形成了人才的就业竞争，竞争的结果自然应为比较优秀的人才提供较多机会进入设计单位，长此以往，可有效提高结构设计队伍的整体素质。

细节：G101平法图集发行状况

G101平法图集发行状况见表1-1。

表1-1　G101平法图集发行状况

年　份	大　事　记	说　明
1995年7月	平法通过了建设部科技成果鉴定	
1996年6月	平法列为建设部一九九六年科技成果重点推广项目	
1996年9月	平法被批准为《国家级科技成果重点推广计划》	
1996年11月	《96G101》发行	《96G101》《00G101》《03G101—1》讲述的均是梁、柱、墙构件
2000年7月	《96G101》修订为《00G101》	
2003年1月	《00G101》依据国家2000系列混凝土结构新规范修订为《03G101—1》	
2003年7月	《03G101—2》发行	板式楼梯平法图集
2004年2月	《04G101—3》发行	筏形基础平法图集
2004年11月	《04G101—4》发行	现浇混凝土楼面及屋面板平法图集
2006年9月	《06G101—6》发行	独立基础、条形基础、桩基承台平法图集
2009年1月	《08G101—5》发行	箱形基础及地下室结构平法图集
2011年7月	《11G101—1》发行	混凝土结构施工图平面整体表示方法制图规则和构造详图（现浇混凝土框架、剪力墙、梁、板）
2011年7月	《11G101—2》发行	混凝土结构施工图平面整体表示方法制图规则和构造详图（现浇混凝土板式楼梯）
2011年7月	《11G101—3》发行	混凝土结构施工图平面整体表示方法制图规则和构造详图（独立基础、条形基础、筏形基础及桩基承台）
2016年9月	《16G101—1》发行	混凝土结构施工图平面整体表示方法制图规则和构造详图（现浇混凝土框架、剪力墙、梁、板）
2016年9月	《16G101—2》发行	混凝土结构施工图平面整体表示方法制图规则和构造详图（现浇混凝土板式楼梯）
2016年9月	《16G101—3》发行	混凝土结构施工图平面整体表示方法制图规则和构造详图（独立基础、条形基础、筏形基础、桩基础）

细节：平法图集与其他标准图集的不同

我们所接触的大量标准图集，都是“构件类”标准图集，如预制平板图集、薄腹梁图集、梯形屋架图集、大型屋面板图集等，这些图集对每一个具体的构件，除注明了其工程做法之外，还给出了明确的工程量——混凝土体积、各种钢筋的用量和预埋件的用量等。

平法图集与这类图集不同，它主要讲的是混凝土结构施工图平面整体表示方法，也就是“平法”，而不是只针对某一类构件。

“平法”的实质，是把结构设计师的创造性劳动与重复性劳动区分开来。一方面，把结构设计中的重复性部分，做成标准化的节点构造；另一方面，把结构设计中的创造性部分，使用“平法”来进行设计，从而达到简化设计的目的。

因此，每一本平法标准图集都包括“平法”的标准设计规则和标准的节点构造两部分内容。

使用“平法”设计施工图以后，简化了结构设计工作，使图样数量大大减少，加快了设计的速度。但是，也给施工和预算带来了困难。以前的图样有构件的大样图和钢筋表，照表下料、按图绑扎就可以完成施工任务。钢筋表还给出了钢筋重量的汇总数值，做工程预算是很方便的。但现在整个构件的大样图要根据施工图上的平法标注，结合标准图集给出的节点构造去进行想象，钢筋表更是要自己努力去把每根钢筋的形状和尺寸逐一计算出来。一个普通工程至少会用到几千种钢筋，显然，采用手工计算来处理上述工作是极端麻烦的。

如何解决这样的一个矛盾呢？经系统分析师和软件工程师共同努力，研究出“平法钢筋自动计算软件”，用户只需要在“结构平面图”上按平法进行标注，就能够自动计算出《工程钢筋表》来。但是，光靠软件是不够的，计算机软件不能完全取代人的作用，使用软件的人也要看懂平法施工图样、熟悉平法的基本技术。更何况使用平法施工图的人员也不仅仅是预算员。本书就是面向所有使用平法施工图的人员的。

细节：普通钢筋的一般表示方法

普通钢筋的一般表示方法见表1-2。

表1-2 普通钢筋

序号	名称	图例	说明
1	钢筋横断面	●	
2	无弯钩的钢筋端部		下图表示长、短钢筋投影重叠时，短钢筋的端部用45°斜画线表示
3	带半圆形弯钩的钢筋端部		—
4	带直钩的钢筋端部		—
5	带螺纹的钢筋端部		—
6	无弯钩的钢筋搭接		—

（续）

序　号	名　称	图　例	说　明
7	带半圆弯钩的钢筋搭接		—
8	带直钩的钢筋搭接		—
9	花篮螺丝钢筋接头		—
10	机械连接的钢筋接头		用文字说明机械连接的方式（或冷挤压或锥螺纹等）

细节：钢筋焊接接头表示方法

钢筋焊接接头的表示方法见表1-3。

表1-3　钢筋焊接接头表示方法

序号	名　称	接头形式	标注方法
1	单面焊的钢筋接头		
2	双面焊的钢筋接头		
3	用帮条单面焊的钢筋接头		
4	用帮条双面焊的钢筋接头		
5	接触对焊的钢筋接头（闪光焊、压力焊）		
6	坡口平焊的钢筋接头	60° b	60° b
7	坡口立焊的钢筋接头	b 45°	45° b
8	用角钢或扁钢做连接板焊接的钢筋接头		
9	钢筋或螺（锚）栓与钢板穿孔塞焊的接头		

细节：常见钢筋画法

常见钢筋的画法见表1-4。

表 1-4　常见钢筋画法

序　号	说　明	图　例
1	在结构楼板中配置双层钢筋时，底层钢筋的弯钩应向上或向左，顶层钢筋的弯钩则向下或向右	(底层)　(顶层)
2	当在钢筋混凝土墙体中配置双层钢筋时，在配筋立面图中，远面钢筋的弯钩应向上或向左，而近面钢筋的弯钩向下或向右（JM 表示近面，YM 表示远面）	JM　YM
3	对在断面图中不能表达清楚的钢筋布置，应在断面图外增加钢筋大样图（如钢筋混凝土墙、楼梯等）	
4	图中所表示的箍筋、环筋等若布置复杂时，可加画钢筋大样图及说明	
5	每组相同的钢筋、箍筋或环筋，可用一根粗实线表示，同时用一两端带斜短画线的横穿细线，表示其钢筋及起止范围	

细节：结构图中钢筋的标注方法

（1）梁内受力钢筋、架立钢筋，标注钢筋的根数和直径表示法如下：

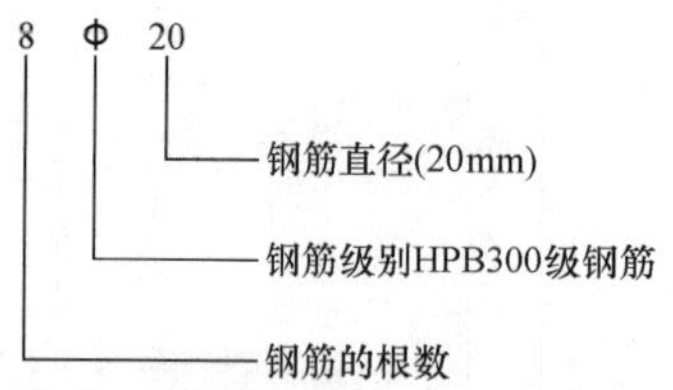

（2）梁内箍筋以及板内钢筋应标注钢筋直径和相邻的钢筋中心间距，表示方法如下：

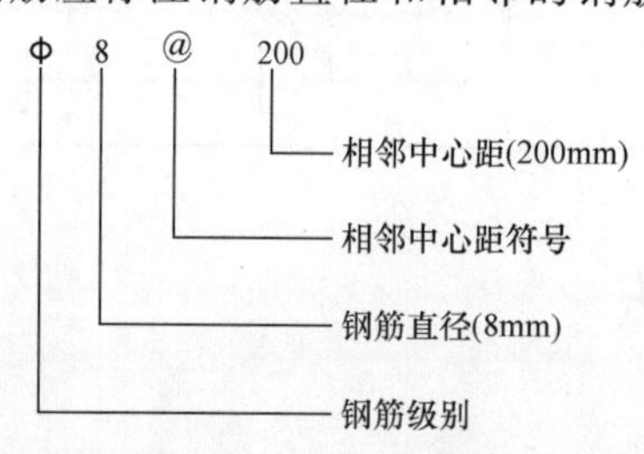

细节：钢筋计算常用数据

钢筋的计算截面面积及理论重量见表 1-5。

表 1-5　钢筋的计算截面面积及理论重量

公称直径/mm	不同根数钢筋的计算截面面积/mm²									单根钢筋理论重量/(kg/m)
	1	2	3	4	5	6	7	8	9	
6	28.3	57	85	113	142	170	198	226	255	0.222
8	50.3	101	151	201	252	302	352	402	453	0.395
10	78.5	157	236	314	393	471	550	628	707	0.617
12	113.1	226	339	452	565	678	791	904	1017	0.888
14	153.9	308	461	615	769	923	1077	1231	1385	1.21
16	201.1	402	603	804	1005	1206	1407	1608	1809	1.58
18	254.5	509	763	1017	1272	1527	1781	2036	2290	2.00(2.11)
20	314.2	628	942	1256	1570	1884	2199	2513	2827	2.47
22	380.1	760	1140	1520	1900	2281	2661	3041	3421	2.98
25	490.9	982	1473	1964	2454	2945	3436	3927	4418	3.85(4.10)
28	615.8	1232	1847	2463	3079	3695	4310	4926	5542	4.83
32	804.2	1609	2413	3217	4021	4826	5630	6434	7238	6.31(6.65)
36	1017.9	2036	3054	4072	5089	6107	7125	8143	9161	7.99
40	1256.6	2513	3770	5027	6283	7540	8796	10053	11310	9.87(10.34)
50	1963.5	3928	5892	7856	9820	11784	13748	15712	17676	15.42(16.28)

注：括号内为预应力螺纹钢筋的数值。

热轧钢筋的直径、横截面面积和重量见表 1-6。

表 1-6　热轧钢筋的直径、横截面面积和重量

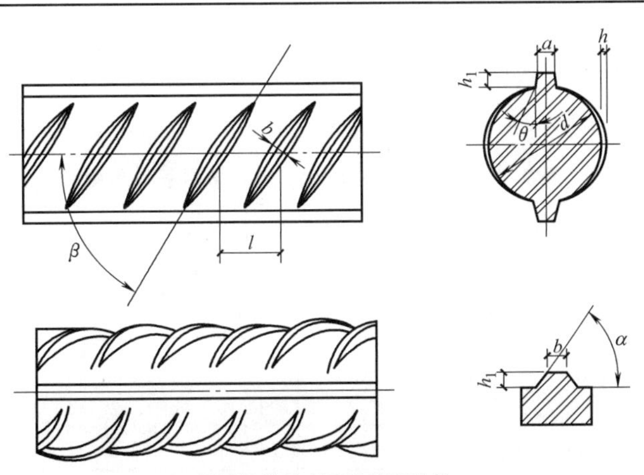

月牙肋钢筋表面及截面形状

d—钢筋直径　α—横肋斜角　h—横肋高度　β—横肋与轴线夹角

h_1—纵肋高度　a—纵肋斜角　l—横肋间距　b—横肋顶宽

（续）

公称直径/mm	内径/mm	纵、横肋高 h_1h/mm	公称横截面面积/mm²	理论重量/(kg/m)
6	5.8	0.6	28.27	0.222
8	7.7	0.8	50.27	0.395
10	9.6	1.0	78.54	0.617
12	11.5	1.2	113.1	0.888
14	13.4	1.4	153.9	1.21
16	15.4	1.5	201.1	1.58
18	17.3	1.6	254.5	2.00
20	19.3	1.7	314.2	2.47
22	21.3	1.9	380.1	2.98
25	24.2	2.1	490.9	3.85
28	27.2	2.2	615.8	4.83
32	31.0	2.4	804.2	6.31
36	35.0	2.6	1018	7.99
40	38.7	2.9	1257	9.87
50	48.5	3.2	1964	15.42

CRB550冷轧带肋钢筋的直径、横截面面积和重量见表1-7。

表1-7　CRB550冷轧带肋钢筋的直径、横截面面积和重量

公称直径/mm	公称横截面面积/mm²	理论重量/(kg/m)
4	12.6	0.099
5	19.6	0.154
6	28.3	0.222
7	38.5	0.302
8	50.3	0.395
9	63.6	0.499
10	78.5	0.617
12	113.1	0.888

钢绞线公称直径、横截面面积和重量见表1-8。

表1-8　钢绞线公称直径、横截面面积和重量

种　类	公称直径/mm	公称横截面面积/mm²	理论重量/(kg/m)
1×3	8.6	37.7	0.296
	10.8	58.9	0.462
	12.9	84.8	0.666
1×7	9.5	54.8	0.430
	11.1	74.2	0.582
	12.7	98.7	0.775
	15.2	140	1.101

第2章　钢筋翻样与下料基本知识

细节：钢筋翻样的基本要求

钢筋翻样的基本要求如下：

1. 全面性，即精通图样，不漏项

精通图样的表示方法，熟悉图样中使用的标准构造详图，不遗漏建筑结构上的每一构件、每一细节，是钢筋算量的重要前提和主要依据。

2. 准确性，即不少算、不多算、不重算

由于钢筋受力性能不同，故不同构件的构造要求不同，长度与根数也不相同，则准确计算出各类构件中的钢筋工程量，是算量的根本任务。

3. 遵从设计，符合规范要求

钢筋翻样和算量计算过程需遵从设计图样，应符合国家现行规范、规程与标准的要求，才能保证结构中钢筋用量符合要求。

4. 指导性

钢筋的翻样结果将用于钢筋的绑扎与安装，可以用于预算、结算、材料计划与成本控制等方面。另外，钢筋翻样的结果能够指导施工，通过详细准确的钢筋排列图可以避免钢筋下料错误，减少钢筋用量的不必要损失。

细节：钢筋翻样的基本原则

钢筋混凝土建筑可以分为基础、柱、墙、梁、板及其他构件。在翻样前必须对建筑整体性有宏观把握以及三维空间想象。基础、柱、墙、梁、板是建筑的基本组成构件。楼板承受恒荷载与活荷载，主要受弯矩作用，板将荷载传递给梁，无梁结构板的荷载直接传递给柱。梁主要承受弯矩与剪力，梁将荷载转移到柱或墙等竖向构件上。柱主要承受压力。墙除了起围护作用之外也有起承重作用。基础承受竖向构件的荷载并将荷载均匀地传递到地基上。根据力的传递规律确定本体构件与关联构件，即确定谁是谁的支座问题。本体构件的箍筋贯通，关联构件锚入本体构件，箍筋不进入支座，重合部位的钢筋不重复布置。由于构件间存在这种关联，钢筋翻样师必须考虑构件之间的相互扣减与关联锚固。引起结构产生内力和变形的不仅是荷载，其他原因也可能使结构产生内力和变形。

在宏观把握工程结构主要构件的基础上，需对每一构件计算的那些钢筋进行细化，从微观的层面进行分析，例如构件包括受力钢筋、箍筋、分布钢筋、构造钢筋与措施钢筋。然后针对每一种构件具体需要计算哪些钢筋做到心中有数。

细节：钢筋翻样的方法

钢筋翻样的方法如下：

1. 纯手工法

纯手工法是最原始且比较可靠的传统方法，现在仍是人们最常用的方法。与软件相比具有极强的灵活性，但运算速度和效率远不如软件。

2. 电子表格法

以模拟手工的方法，在电子表格中设置一些计算公式，让软件去汇总，可以减轻一部分工作量。

3. 单根法

单根法是钢筋软件最基本、最简单、也是万能输入的一种方法，有的软件已能让用户自定义钢筋形状，可以处理任意形状钢筋的计算，这种方法很好地弥补了电子表格中钢筋形状不好处理的问题，但其效率仍然比较低，智能化、自动化程度也比较低。

4. 单构件法（或称参数法）

这种方法比起单根法又前进了一步，也是目前仍然在大量使用的一种方法。这种模式简单直观，通过软件内置各种有代表性标准的典型性构件图库，一并内置相应的计算规则。用户可以输入各种构件截面信息、钢筋信息和一些公共信息，软件自动计算出构件的各种钢筋长度和数量。但其弱点是适应性差，软件中内置的图库总是有限的，也无法穷举日益复杂的工程实际，遇到与软件中构件不一致的构件，软件往往无能为力，特别是一些复杂的异形构件，用构件法是难以处理的。

5. 图形法（或称建模法）

这是一种钢筋翻样的高级方法，也是比较有效的方法，与结构设计的模式类似，即首先设置建筑的楼层信息、与钢筋有关的各种参数信息、各种构件的钢筋计算规则、构造规则以及钢筋的接头类型等一系列参数，然后根据图样建立轴网，布置构件，输入构件的几何属性和钢筋属性，软件自动考虑构件之间的关联扣减，进行整体计算。这种方法智能化程度高，由于软件能自动读取构件的相关信息，所以构件参数输入少。同时对各种形状复杂的建筑也能处理。但其操作方法复杂，特别是建模使一些计算机水平低的人望而生畏。

6. CAD转化法

到目前为止这是效率最高的钢筋翻样技术，就是利用设计院的CAD电子文件进行导入和转化，从而变为钢筋软件中的模型，让软件自动计算。这种方法可以省去用户建模的步骤，大大提高了钢筋计算的时间，但这种方法有两个前提，一是要有CAD电子文档，二是软件的识别率和转化率高，两者缺一不可。如果没有CAD电子文档，是否可以寻找其他的解决之道，如用数字照相机拍摄的数字图样为钢筋软件所能兼容和识别的格式，从而为图样转化创造条件。当前识别率不能达到理想的全识别技术也是困扰钢筋软件研发人员的一大问题，因为即使是99%的识别率用户还是需要用99%的时间去查找1%的错误，有时如大海捞针，只能逐一检查，这样反而浪费了不少时间。

以上方法往往需要结合使用，没有哪种方法可以解决钢筋翻样的所有问题。

细节：外皮尺寸

结构施工图中所标注的钢筋尺寸，是钢筋的外皮尺寸。它不同于钢筋的下料尺寸。

钢筋材料明细表（表 2-1）中简图栏的钢筋长度 L_1，如图 2-1 所示，是由于构造的需要而标注。因此钢筋材料明细表中所标注的尺寸就是 L_1。通常情况下，钢筋的边界线是从钢筋外皮到混凝土外表面的距离——保护层来考虑标注钢筋尺寸的。也可以这样说，此处的 L_1 不是钢筋加工下料的施工尺寸，而是设计尺寸，如图 2-2 所示。

表 2-1　钢筋材料明细表

钢 筋 编 号	①
规格	ф 22
数量	2
简图	L_1，L_2，L_2

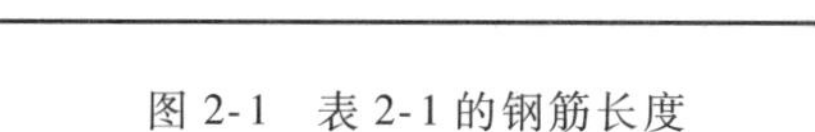

图 2-1　表 2-1 的钢筋长度

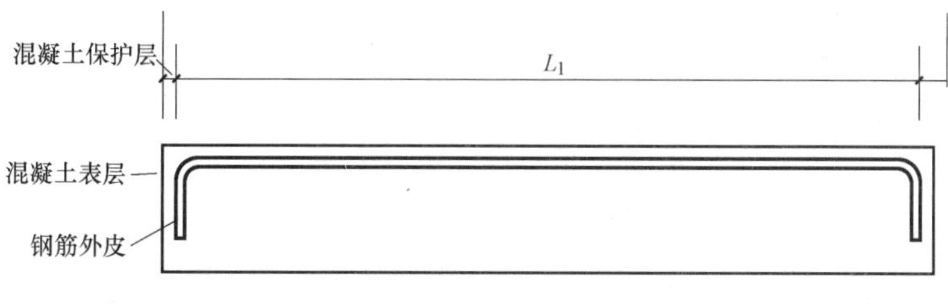

图 2-2　设计尺寸

切记，钢筋混凝土结构图中标注的钢筋尺寸，不是下料尺寸，而是设计尺寸。这里要指明的就是简图栏的钢筋长度 L_1 是不能直接拿来下料的。

细节：钢筋下料长度

钢筋加工前按直线下料，经弯曲后，钢筋外边缘（外皮）伸长，内边缘（内皮）缩短，而中心线的长度是不改变的。

图 2-3 所示是钢筋的外皮尺寸。实际上，钢筋加工下料的施工尺寸为（$ab+bc+cd$），其中，ab 为直线段，bc 线路为弧线，cd 为直线段。箍筋的设计尺寸，通常是采用内皮标注尺寸的方法。计算钢筋下料长度，就是计算钢筋中心线的长度。

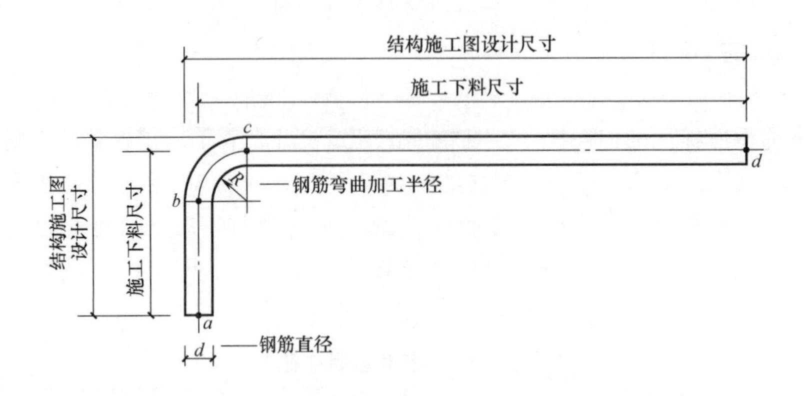

图 2-3　结构施工图上所示钢筋的尺寸界限

细节：差值

在钢筋材料明细表的简图中，所标注外皮尺寸之和大于钢筋中心线的长度。它所多出来的数值，就是差值，可用下式来表示：

$$钢筋外皮尺寸之和-钢筋中心线的长度=差值 \tag{2-1}$$

对于标注内皮尺寸的钢筋，其差值随角度的不同，有可能是正，也有可能是负。差值分为外皮差值和内皮差值两种。

1. 外皮差值

图 2-4 所示是结构施工图上 90°弯折处的钢筋，它是沿外皮（$xy+yz$）衡量尺寸的。而图 2-5所示弯曲处的钢筋，则是沿钢筋的中和轴（钢筋被弯曲后，既不伸长也不缩短的钢筋中心线）ab 弧线的弧长。因此，折线（$xy+yz$）的长度与弧线的弧长 ab 之间的差值，称为“外皮差值”。$xy+yz>ab$。外皮差值通常用于受力主筋的弯曲加工下料计算。

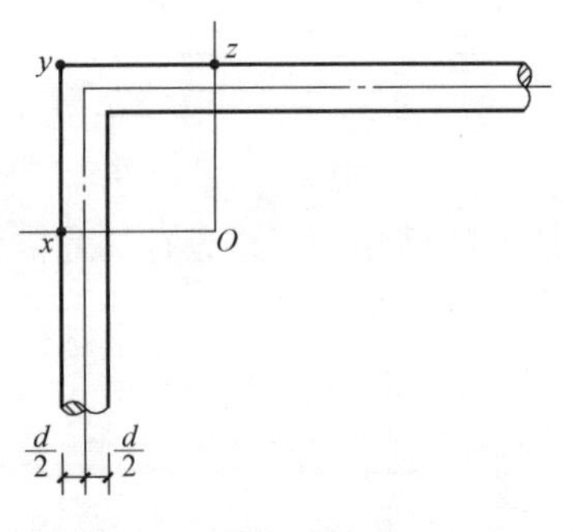

图 2-4　90°弯折钢筋（一）

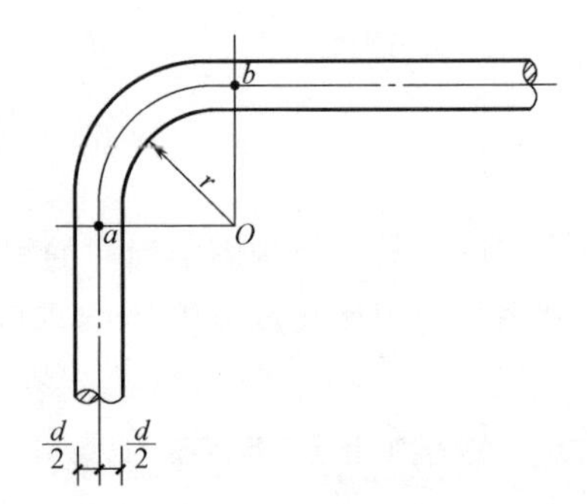

图 2-5　90°弯曲钢筋（一）

2. 内皮差值

图 2-6 所示是结构施工图上 90°弯折处的钢筋，它是沿内皮（$xy+yz$）测量尺寸的。而图 2-7所示弯曲处的钢筋，则是沿钢筋的中和轴弧线 ab 测量尺寸的。因此，折线（$xy+yz$）的长度与弧线的弧长 ab 之间的差值，称为“内皮差值”。（$xy+yz$）$>ab$，即 90°内皮折线

（$xy+yz$）仍然比弧线 ab 长。内皮差值通常用于箍筋弯曲加工下料的计算。

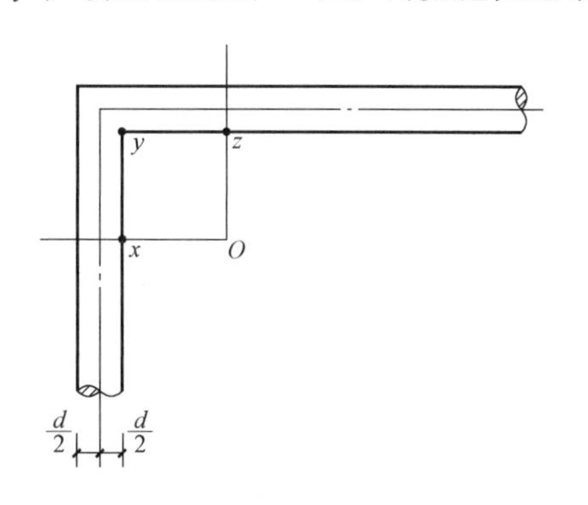

图 2-6　90°弯折钢筋（二）

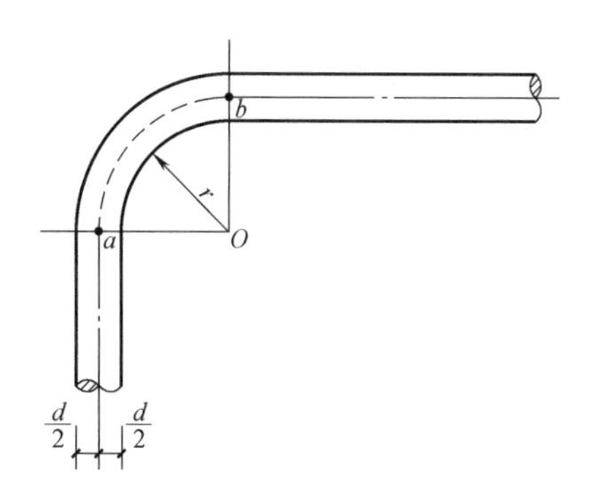

图 2-7　90°弯曲钢筋（二）

细节：角度基准

钢筋弯曲前的原始状态——笔直的钢筋，弯折以前为 0°。这个 0°的钢筋轴线，就是“角度基准”。如图 2-8 所示，部分弯折后的钢筋轴线与弯折以前的钢筋轴线（点画线）所形成的角度即为加工弯曲角度。

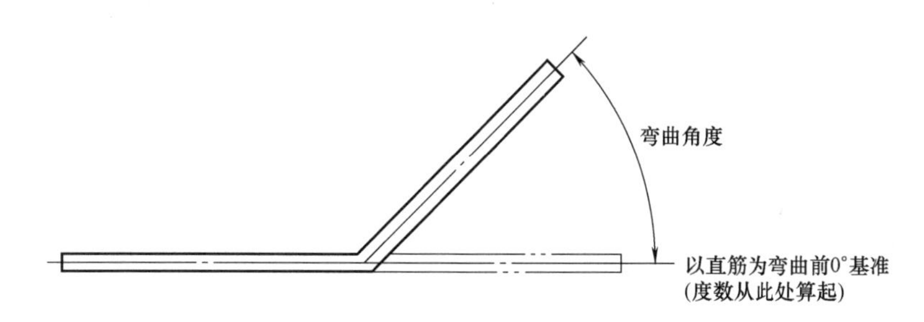

图 2-8　角度基准

细节：钢筋设计尺寸和施工下料尺寸

1. 同样长梁中有直形钢筋和加工弯折的钢筋

参见图 2-9 和图 2-10。

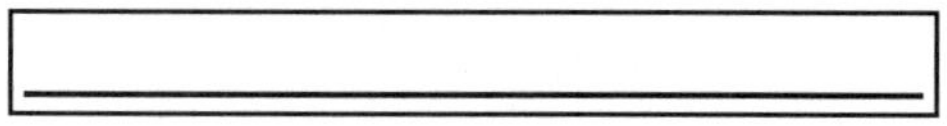

图 2-9　直形钢筋

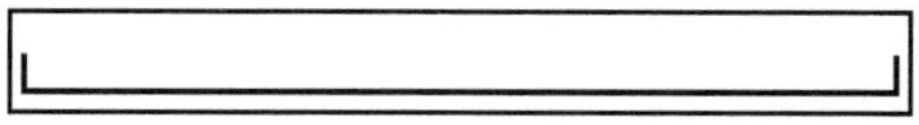

图 2-10　弯折的钢筋

虽然图 2-9 中的钢筋和图 2-10 中的钢筋两端保护层的距离相同，但是它们的中心线长度并不相同。下面放大它们的端部便一目了然。

看过图 2-11 和图 2-12，经过比较就清楚多了。图 2-12 中右边钢筋中心线到梁端的距离，是保护层加 1/2 钢筋直径。考虑两端的时候，其中心线长度要比图 2-11 中的短了一个直径。

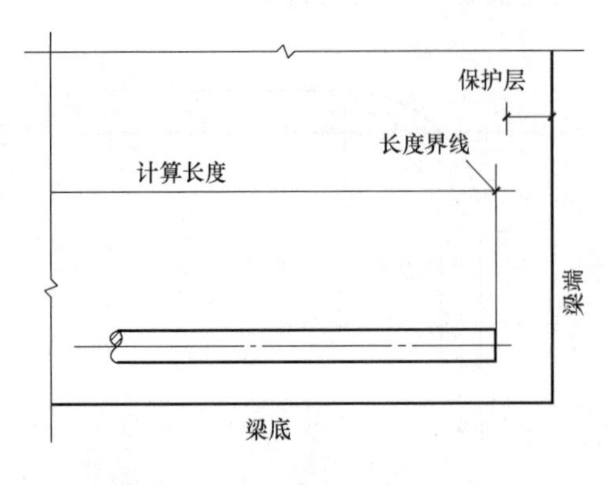

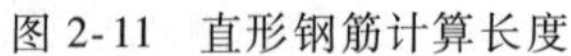
图 2-11　直形钢筋计算长度

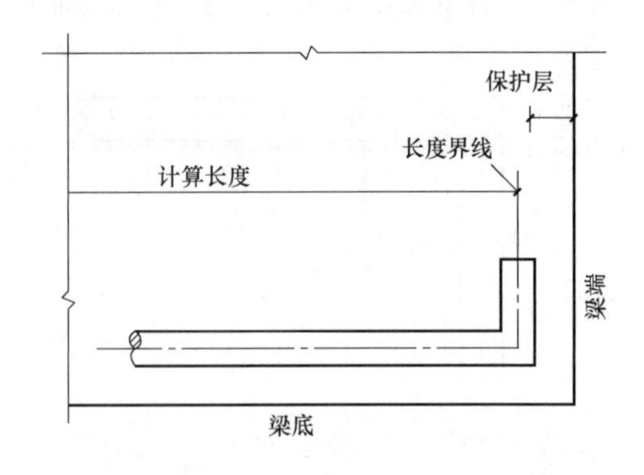

图 2-12　弯折钢筋计算长度

2. 大于 90°、不大于 180°弯钩的设计标注尺寸

图 2-13 通常是结构设计尺寸的标注方法，也常与保护层有关；图 2-14 常用在拉筋的尺寸标注上。

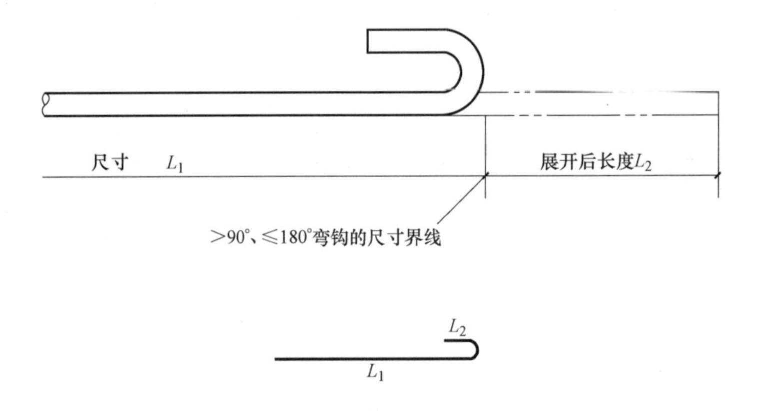

图 2-13　大于 90°、不大于 180°弯钩的标注

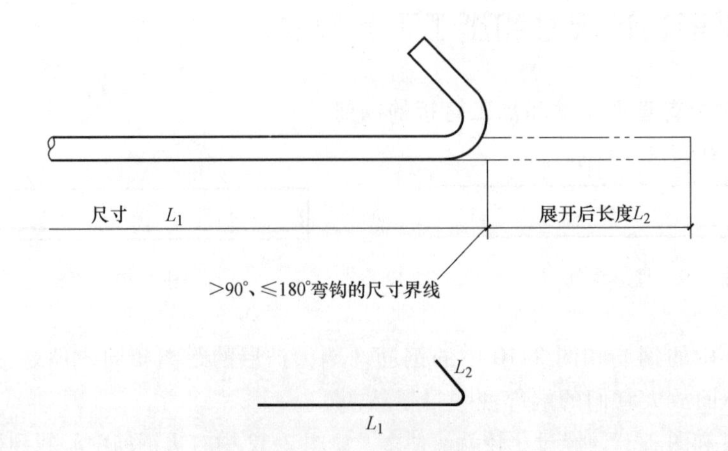

图 2-14　拉筋尺寸标注

3. 内皮尺寸

梁和柱中的箍筋，为了方便设计，通常用内皮尺寸标注。由于梁、柱截面的高、宽尺寸，各减去保护层厚度，就是箍筋的高、宽内皮尺寸，如图 2-15 所示。

4. 用于 30°、60°、90°斜筋的辅助尺寸

遇到有弯折的斜筋，需要标注尺寸时，除了沿斜向标注其外皮尺寸外，还要把斜向尺寸当做直角三角形的斜边，而另外标注出其两个直角边的尺寸，如图 2-16 所示。

从图 2-16 上，并看不出是不是外皮尺寸。但是如果再看图 2-17，就可以知道它是外皮尺寸了。

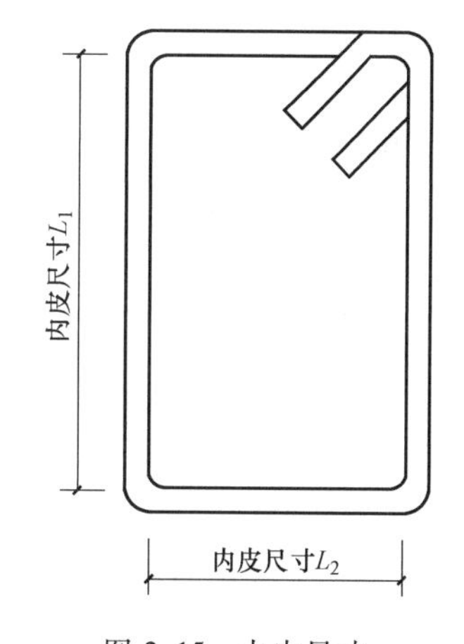

图 2-15　内皮尺寸

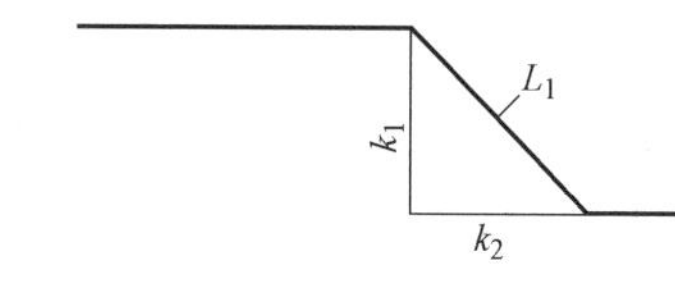

图 2-16　辅助尺寸

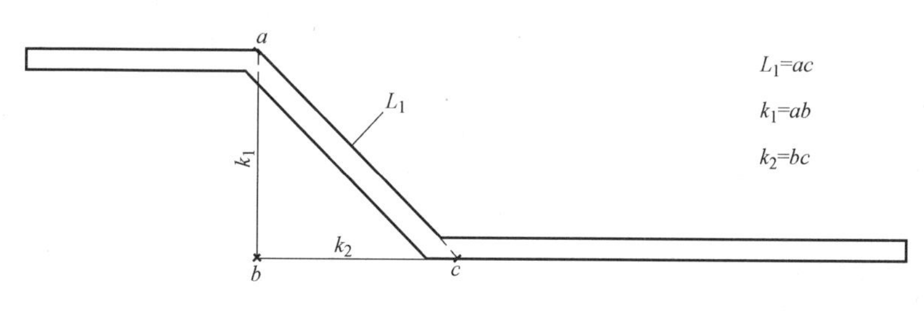

图 2-17　外皮尺寸

细节：钢筋端部弯钩尺寸的计算

1. 135°钢筋端部弯钩尺寸标注方法

钢筋端部弯钩是指大于 90°的弯钩。如图 2-18a 所示，AB 弧线展开长度为 AB'，BC 为钩端的直线部分。从 A 点弯起，向上直到直线上端 C 点。展开后，即为线段 AC'。L'是钢筋的水平部分长度，md 是钩端的直线部分长度，$R+d$ 是钢筋弯曲部分外皮的水平投影长度。如图 2-18b 所示是施工图上简图尺寸注法。钢筋两端弯曲加工后，外皮间尺寸为 L_1。两端以外剩余的长度［$AB+BC-(R+d)$］即为 L_2。

钢筋弯曲加工后外皮的水平投影长度 L_1 为

$$L_1=L'+2(R+d) \tag{2-2}$$

$$L_2=AB+BC-(R+d) \tag{2-3}$$

2. 180°钢筋端部弯钩尺寸标注方法

如图 2-19a 所示，AB 弧线展开长度为 AB'。BC 为钩端的直线部分长度。从 A 点弯起，

向上直到直线上端 C 点。展开后，即为 AC' 线段。L' 是钢筋的水平部分，$R+d$ 是钢筋弯曲部分外皮的水平投影长度。图 2-19b 所示是施工图上简图尺寸注法。钢筋两端弯曲加工后，外皮间尺寸为 L_1。两端以外剩余的长度 $[AB+BC-(R+d)]$ 即为 L_2。

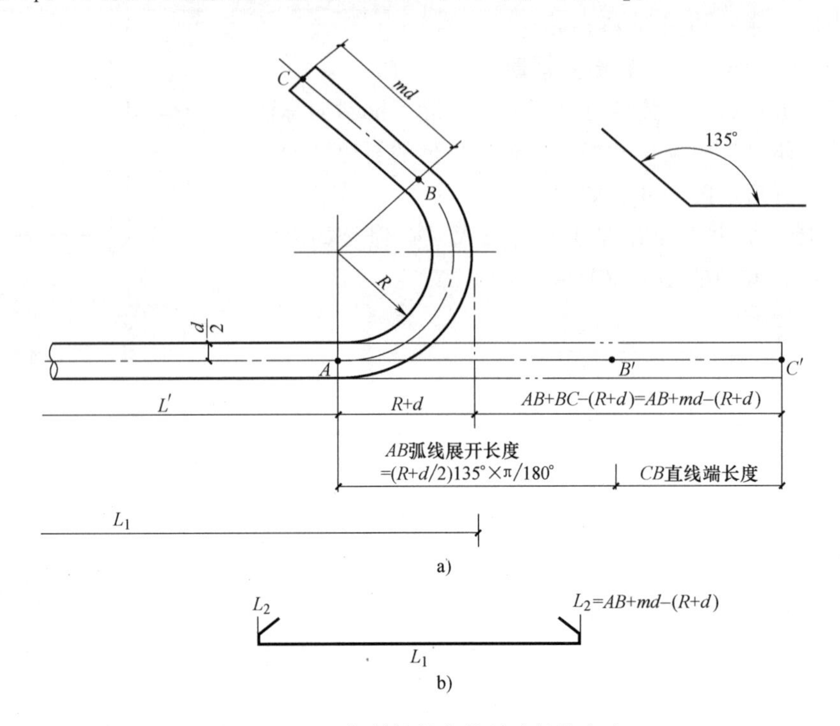

图 2-18　135°钢筋端部弯钩尺寸标注方法

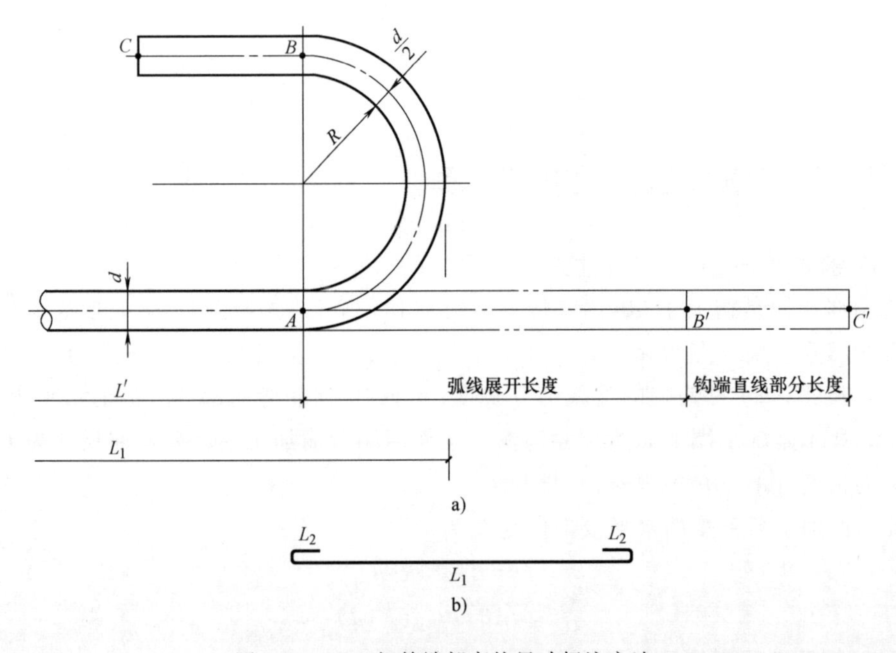

图 2-19　180°钢筋端部弯钩尺寸标注方法

钢筋弯曲加工后外皮的水平投影长度 L_1 为

$$L_1 = L' + 2(R+d) \tag{2-4}$$

$$L_2 = AB + BC - (R+d) \tag{2-5}$$

3. 常用弯钩端部长度表

表 2-2 把钢筋端部弯钩处的 30°、45°、60°、90°、135°和 180°等几种情况，列成计算表格便于查阅。

表 2-2　常用弯钩端部长度表

弯 起 角 度	钢筋弧中心线长度	钩端直线部分长度	合 计 长 度
30°	$(R+d/2)\times30°\times\pi/180°$	$10d$	$(R+d/2)\times30°\times\pi/180°+10d$
		$5d$	$(R+d/2)\times30°\times\pi/180°+5d$
		75mm	$(R+d/2)\times30°\times\pi/180°+75$mm
45°	$(R+d/2)\times45°\times\pi/180°$	$10d$	$(R+d/2)\times45°\times\pi/180°+10d$
		$5d$	$(R+d/2)\times45°\times\pi/180°+5d$
		75mm	$(R+d/2)\times45°\times\pi/180°+75$mm
60°	$(R+d/2)\times60°\times\pi/180°$	$10d$	$(R+d/2)\times60°\times\pi/180°+10d$
		$5d$	$(R+d/2)\times60°\times\pi/180°+5d$
		75mm	$(R+d/2)\times60°\times\pi/180°+75$mm
90°	$(R+d/2)\times90°\times\pi/180°$	$10d$	$(R+d/2)\times90°\times\pi/180°+10d$
		$5d$	$(R+d/2)\times90°\times\pi/180°+5d$
		75mm	$(R+d/2)\times90°\times\pi/180°+75$mm
135°	$(R+d/2)\times135°\times\pi/180°$	$10d$	$(R+d/2)\times135°\times\pi/180°+10d$
		$5d$	$(R+d/2)\times135°\times\pi/180°+5d$
		75mm	$(R+d/2)\times135°\times\pi/180°+75$mm
180°	$(R+d/2)\times\pi$	$10d$	$(R+d/2)\times\pi+10d$
		$5d$	$(R+d/2)\times\pi+5d$
		75mm	$(R+d/2)\times\pi+75$mm
		$3d$	$(R+d/2)\times\pi+3d$

细节：箍筋的计算

箍筋的常用形式有 3 种，目前施工图上应用最多的是图 2-20c 所示的形式。

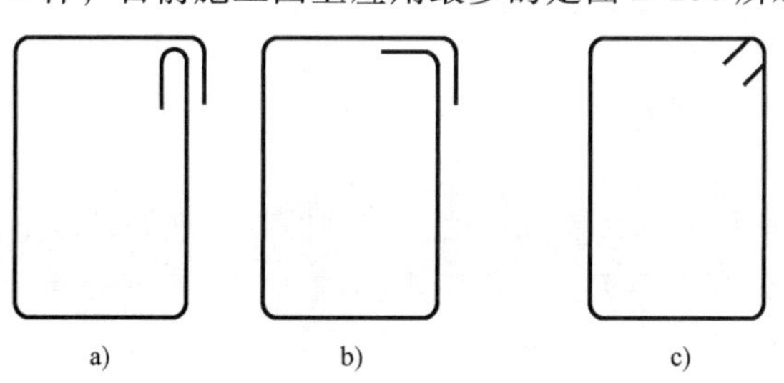

图 2-20　箍筋的常用形式

a）90°/180°　b）90°/90°　c）135°/135°

图 2-20a、b 所示的箍筋形式多用于非抗震结构，图 2-20c 所示的箍筋形式多用于平法框架抗震结构或非抗震结构中。可根据箍筋的内皮尺寸计算钢筋下料尺寸。

图 2-21a 是绑扎在梁柱中的箍筋（已经弯曲加工完的）。为了便于计算，假想它是由两个部分组成：一部分如图 2-21b 所示，为 1 个闭合的矩形，4 个角是以 $R=2.5d$ 为半径的弯曲圆弧。另一部分如图 2-21c 所示，有 1 个半圆，它是由 1 个半圆和 2 个相等的直线组成。图 2-21d 是图 2-21c 的放大示意图。

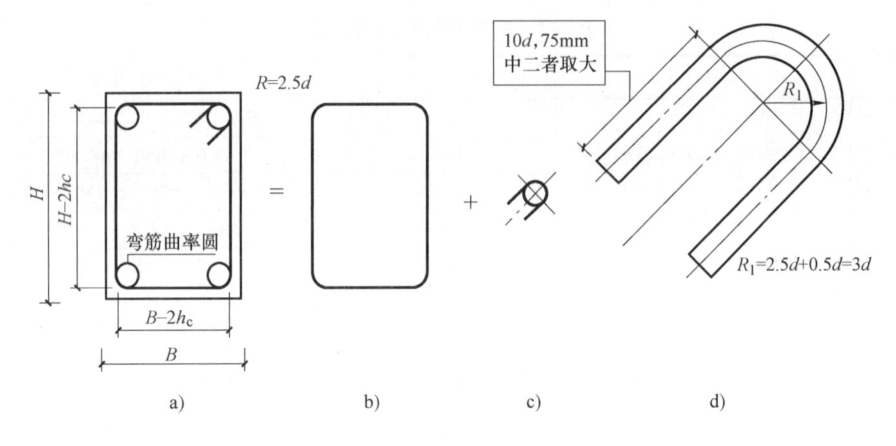

图 2-21 箍筋下料示意图

下面根据图 2-21b 和图 2-21c 分别计算下料长度，两者之和即为箍筋的下料长度，计算过程如下。

图 2-21b 部分下料长度：

长度 = 内皮尺寸 − 4×差值 $=2(H-2h_c)+2(B-2h_c)-4\times0.288d=2H+2B-8h_c-1.152d$

图 2-21c 部分下料长度：

半圆中心线长：$3d\pi\approx9.424d$

端钩的弧线和直线段长度：

$10d>75$mm 时，$9.424d+2\times10d=29.424d$

75mm $>10d$ 时，$9.424d+2\times75$

合计箍筋下料长度：

$$10d>75\text{mm 时，箍筋下料长度}=2H+2B-8h_c+29.424d \quad (2\text{-}6)$$

$$75\text{mm}>10d\text{ 时，箍筋下料长度}=2H+2B-8h_c+9.424d+150 \quad (2\text{-}7)$$

式中 h_c——保护层厚度（mm）。

图 2-21b 所示是带有圆角的矩形，四边的内部尺寸与内皮法的钢筋弯曲加工的 90°差值即为这个矩形的长度。

图 2-21c 所示是由半圆和两段直筋组成。半圆圆弧的展开长度是由它的中心线的展开长度来决定的。中心线的圆弧半径为 $R+d/2$，半圆圆弧的展开长度为（$R+d/2$）与 π 的乘积。箍筋的下料长度，要注意钩端的直线长度的规定，取 $10d$、75mm 中的大值。

对式（2-6）和式（2-7）进行进一步分析推导发现，它们因箍筋直径大小的不同而有不同的应用，当其直径小于或等于 6.5mm 时，采用式（2-7），当其直径大于或等于 8mm

时，采用式（2-6）。

细节：螺旋箍筋的计算

采用普通箍筋构件在承受反复循环荷载后会产生很大的变形：随之而来的是混凝土破裂，箍筋末端崩裂，从而失去对混凝土的约束作用，失去箍筋的受剪承载力。而螺旋箍筋可有效避免此问题，因为螺旋箍筋是连续的，不存在受震后箍筋末端崩开的弱点，能抵御更大的变形。并且螺旋箍筋不需要每个水平段加设弯钩，可节约钢筋。由于钢筋加工和绑扎简便也节约大量人工，螺旋箍筋可广泛用于柱、梁等构件。尽管螺旋箍筋有许多优点，但因其使用率很低，所以规范上没有提倡这种做法。

圆柱和钻孔灌注桩常采用螺旋箍筋形式，它具有方便施工、节约钢筋、增强箍筋对柱的约束力等优点。在以平法表示的设计中，螺旋箍筋用 L 表示，如 $L\phi10$@ 100/200。螺旋箍筋也有加密和非加密之别，螺旋箍筋有时只有一种间距，如 $L\phi10$@ 100。按平法规定，螺旋箍筋开始与结束位置应有水平段长度不小于一圈半。箍筋的端部有 135°弯钩，弯钩长度为 $10d$。

图 2-22 中螺旋箍筋在柱面的展开长度为 3 个圆箍筋周长加中段斜长之和。斜长相当于直角三角形的斜边，其中一个直角边长度为螺旋箍筋的间距，另一直角边长为圆周长（减去保护层厚度后），其计算如下：

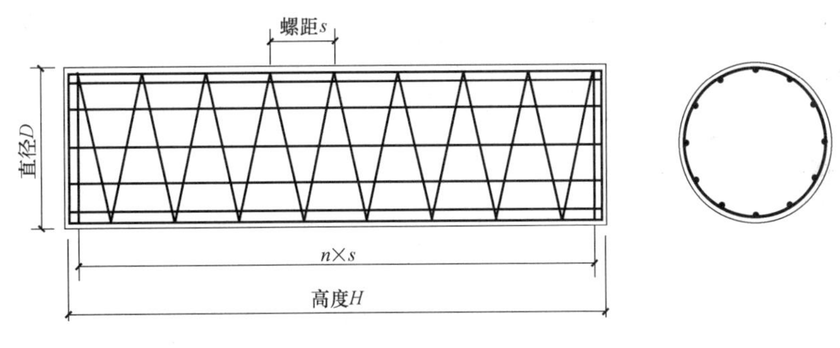

图 2-22　等间距螺旋箍

$$\text{上水平圆一圈半展开长度}=1.5\times\pi\times(D-2\times c+d)$$

$$\text{下水平圆一圈半展开长度}=1.5\times\pi\times(D-2\times c+d)$$

$$\text{螺旋箍筋展开长度}=(H/s)\times\sqrt{[\pi\times(D-2\times c+d)]^2+s^2}$$

$$\text{弯钩长度}=2\times11.9d$$

$$\text{螺旋箍筋总长度}=3\times\pi\times(D-2\times c+d)+(H/s)\times\sqrt{[\pi\times(D-2\times c+d)]^2+s^2}+2\times11.9d$$

式中　D——柱或桩的直径；

H——柱或桩的高度；

s——螺旋箍筋的间距；

d——螺旋箍筋直径；

c——柱或桩的保护层厚度。

当螺旋箍筋有加密和非加密间距时，中间螺旋箍筋展开长度应分别计算（图 2-23）。

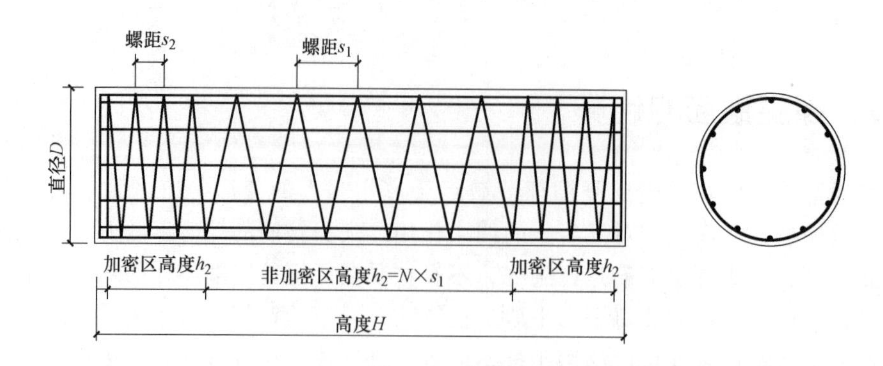

图 2-23　二种间距螺旋箍筋

$$上水平圆一圈半展开长度=1.5×\pi×(D-2×c+d)$$

$$下水平圆一圈半展开长度=1.5×\pi×(D-2×c+d)$$

$$螺旋箍筋展开长度=(h_1/s_1)×\sqrt{[\pi×(D-2×c+d)]^2+s_1^2}+2×(h_2/s_2)×\sqrt{[\pi×(D-2×c+d)]^2+s_2^2}$$

$$弯钩长度=2×11.9d$$

$$螺旋箍筋总长度=3×\pi×(D-2×c+d)+(h_1/s_1)×\sqrt{[\pi×(D-2×c+d)]^2+s_1^2}+2×(h_2/s_2)×\sqrt{[\pi×(D-2×c+d)]^2+s_2^2}+2×11.9d$$

式中　D——柱或桩的直径；

h_1——非加密区高度；

h_2——加密区高度；

s——螺旋箍筋的间距；

d——螺旋箍筋直径；

c——柱或桩的保护层厚度。

第3章　梁钢筋翻样与下料

细节：梁构件平面注写方式

1. 平面注写方式

平面注写方式是在梁平面布置图上，分别在不同编号的梁中各选一根梁，在其上注写截面尺寸和配筋具体数值的方式来表达梁平法施工图。

平面注写包括集中标注与原位标注，集中标注表达梁的通用数值，原位标注表达梁的特殊数值。当集中标注中的某项数值不适用于梁的某部位时，则将该项数值原位标注，施工时，原位标注取值优先，如图3-1所示。

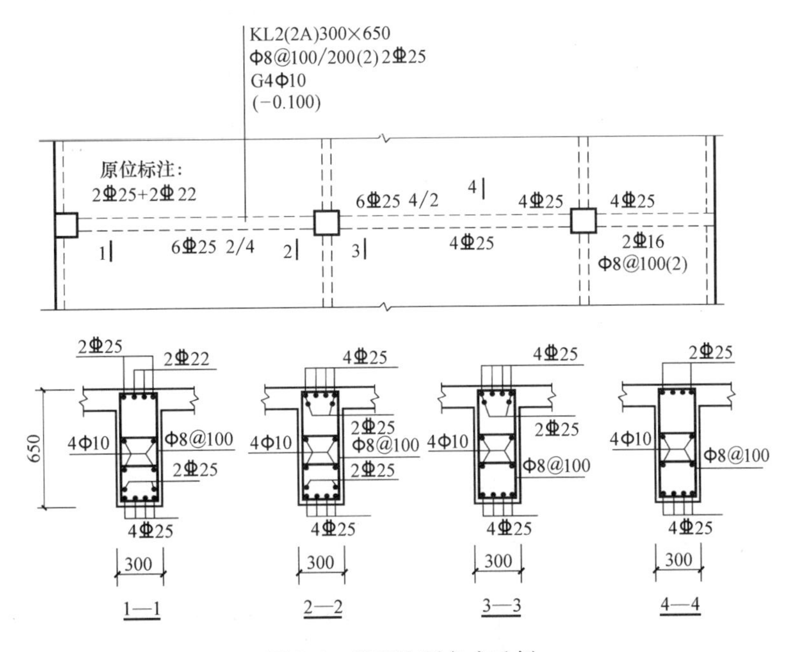

图3-1　平面注写方式示例

注：图中四个梁截面是采用传统表示方法绘制，用于对比按平面注写方式表达的同样内容。实际采用平面注写方式表达时，不需绘制梁截面配筋图和图中的相应截面号。

2. 梁的编号

梁的编号由梁类型、代号、序号、跨数及有无悬挑代号几项组成，并应符合表3-1的规定。

表3-1　梁的编号

梁　类　型	代　　号	序　　号	跨数及有无悬挑
楼层框架梁	KL	××	(××)、(××A)或(××B)
楼层框架扁梁	KBL	××	(××)、(××A)或(××B)
屋面框架梁	WKL	××	(××)、(××A)或(××B)

（续）

梁 类 型	代　　号	序　　号	跨数及有无悬挑
框支梁	KZL	××	(××)、(××A)或(××B)
托柱转换梁	TZL	××	(××)、(××A)或(××B)
非框架梁	L	××	(××)、(××A)或(××B)
悬挑梁	XL	××	(××)、(××A)或(××B)
井字梁	JZL	××	(××)、(××A)或(××B)

注：1. (××A) 为一端有悬挑，(××B) 为两端有悬挑，悬挑不计入跨数。
2. 楼层框架扁梁节点核心区代号 KBH。
3. 非框架梁 L、井字梁 JZL 表示端支座为铰接；当非框架梁 L、井字梁 JZL 端支座上部纵筋为充分利用钢筋的抗拉强度时，在梁代号后加“g”。

3. 梁集中标注的内容

梁集中标注的内容，有五项必注值及一项选注值（集中标注可以从梁的任意一跨引出），规定如下：

（1）梁编号，见表 3-1，该项为必注值。

（2）梁截面尺寸，该项为必注值。

当为等截面梁时，用 $b \times h$ 表示；

当为竖向加腋梁时，用 $b \times h$　Y$c_1 \times c_2$表示，其中 c_1为腋长，c_2为腋高，如图 3-2 所示。

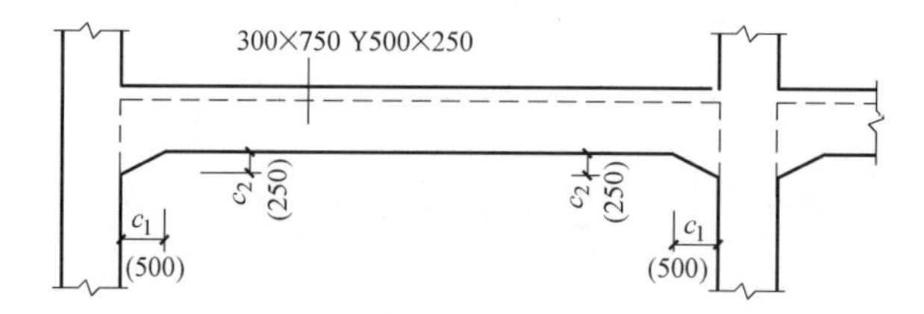

图 3-2　竖向加腋截面注写示意图

当为水平加腋梁时，一侧加腋时用 $b \times h$　PY$c_1 \times c_2$表示，其中 c_1为腋长，c_2为腋宽，加腋部位应在平面图中绘制，如图 3-3 所示。

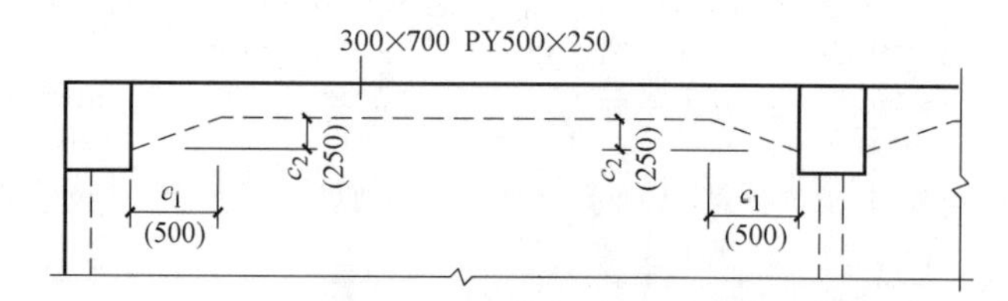

图 3-3　水平加腋截面注写示意图

当有悬挑梁并且根部和端部的高度不同时，用斜线分隔根部与端部的高度值，即为 $b \times (h_1/h_2)$，如图 3-4 所示。

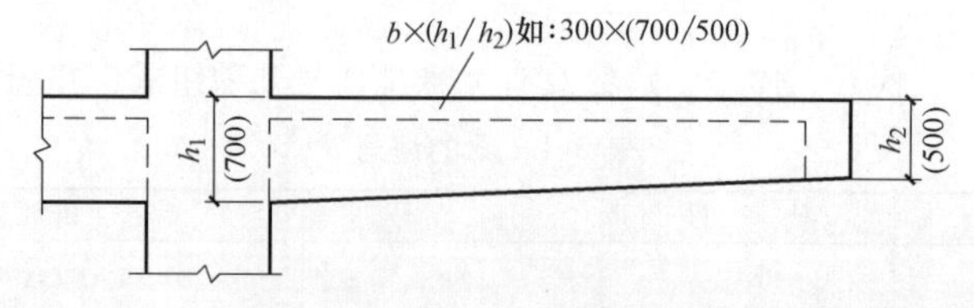

图 3-4　悬挑梁不等高截面注写示意图

(3) 梁箍筋，包括钢筋级别、直径、加密区与非加密区间距及肢数，该项为必注值。箍筋加密区与非加密区的不同间距及肢数需用斜线“/”分隔；当梁箍筋为同一种间距及肢数时，则不需用斜线；当加密区与非加密区的箍筋肢数相同时，则将肢数注写一次；箍筋肢数应写在括号内。加密区范围见相应抗震等级的标准构造详图。

非框架梁、悬挑梁、井字梁采用不同的箍筋间距及肢数时，也用斜线“/”将其分隔开来。注写时，先注写梁支座端部的箍筋（包括箍筋的箍数、钢筋级别、直径、间距及肢数)，在斜线后注写梁跨中部分的箍筋间距及肢数。

(4) 梁上部通长筋或架立筋配置（通长筋可为相同或不同直径采用搭接连接、机械连接或焊接的钢筋)，该项为必注值。所注规格与根数应根据结构受力要求及箍筋肢数等构造要求而定。当同排纵筋中既有通长筋又有架立筋时，应用加号“+”将通长筋和架立筋相连。注写时需将角部纵筋写在加号的前面，架立筋写在加号后面的括号内，以示不同直径及与通长筋的区别。当全部采用架立筋时，则将其写入括号内。

当梁的上部纵筋和下部纵筋为全跨相同，而且多数跨配筋相同时，此项可加注下部纵筋的配筋值，用分号“;”将上部与下部纵筋的配筋值分隔开来，少数跨不同者，按上述第 (1) 条的规定处理。

(5) 梁侧面纵向构造钢筋或受扭钢筋配置，该项为必注值。

当梁腹板高度 $h_w \geqslant 450$mm 时，需配置纵向构造钢筋，所注规格与根数应符合规范规定。此项注写值以大写字母 G 打头，接续注写设置在梁两个侧面的总配筋值，并且对称配置。

当梁侧面需配置受扭纵向钢筋时，此项注写值以大写字母 N 打头，接续注写配置在梁两个侧面的总配筋值，并且对称配置。受扭纵向钢筋应满足梁侧面纵向构造钢筋的间距要求，且不再重复配置纵向构造钢筋。

(6) 梁顶面标高高差，该项为选注值。

梁顶面标高高差是指相对于结构层楼面标高的高差值，对于位于结构夹层的梁，则指相对于结构夹层楼面标高的高差。有高差时，需将其写入括号内，无高差时不注。

4. 梁原位标注的内容规定

(1) 梁支座上部纵筋，该部位含通长筋在内的所有纵筋：

1) 当上部纵筋多于一排时，用斜线“/”将各排纵筋自上而下分开。

2) 当同排纵筋有两种直径时，用加号“+”将两种直径的纵筋相连，注写时将角部纵筋写在前面。

3) 当梁中间支座两边的上部纵筋不同时，须在支座两边分别标注；当梁中间支座两边的上部纵筋相同时，可仅在支座的一边标注配筋值，另一边省去不注（图 3-5)。

设计时应注意：

① 对于支座两边不同配筋值的上部纵筋，宜尽可能选用相同直径（不同根数)，使其贯穿支座，避免支座两边不同直径的上部纵筋均在支座内锚固。

② 对于以边柱、角柱为端支座的屋面框架梁，当能够满足配筋截面面积要求时，其梁的上部钢筋应尽可能只配置一层，以避免梁柱纵筋在柱顶处因层数过多、密度过大导致不方便施工和影响混凝土浇筑质量。

(2) 梁下部纵筋：

1) 当下部纵筋多于一排时，用斜线“/”将各排纵筋自上而下分开。

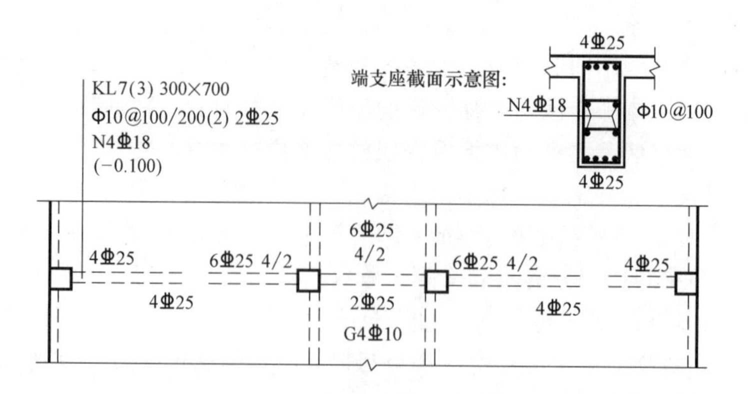

图 3-5　大小跨梁的注写示意图

2）当同排纵筋有两种直径时，用加号“+”将两种直径的纵筋相连，注写时角筋写在前面。

3）当梁下部纵筋不全部伸入支座时，将梁支座下部纵筋减少的数量写在括号内。

4）当梁的集中标注中已按上述第 3 条第（4）款的规定分别注写了梁上部和下部均为通长的纵筋值时，则不需在梁下部重复做原位标注。

5）当梁设置竖向加腋时，加腋部位下部斜纵筋应在支座下部以 Y 打头注写在括号内，如图 3-6 所示。16G101—1 图集中框架梁竖向加腋构造适用于加腋部位参与框架梁计算，其他情况设计者应另行给出构造。当梁设置水平加腋时，水平加腋内上、下部斜纵筋应在加腋支座上部以 Y 打头注写在括号内，上下部斜纵筋之间用“/”分隔，如图 3-7 所示。

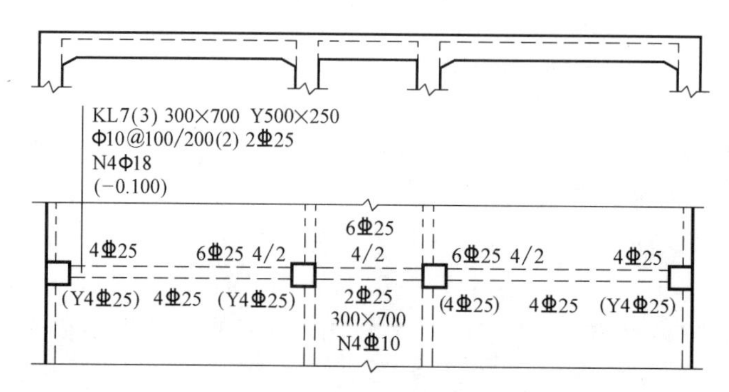

图 3-6　梁加腋平面注写方式表达示例

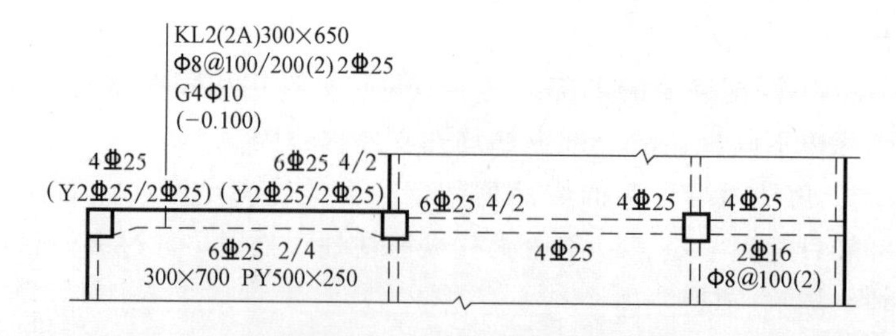

图 3-7　梁水平加腋平面注写方式表达示例

（3）当在梁上集中标注的内容（即梁截面尺寸、箍筋、上部通长筋或架立筋，梁侧面纵向构造钢筋或受扭纵向钢筋，以及梁顶面标高高差中的某一项或几项数值）不适用于某跨或某悬挑部分时，则将其不同数值原位标注在该跨或该悬挑部位，施工时应按原位标注数值取用。

当在多跨梁的集中标注中已注明加腋，而该梁某跨的根部却不需要加腋时，则应在该跨原位标注等截面的 $b \times h$，以修正集中标注中的加腋信息，如图 3-6 所示。

（4）附加箍筋或吊筋，将其直接画在平面图中的主梁上，用线引注总配筋值（附加箍筋的肢数注在括号内），如图 3-8 所示。当多数附加箍筋或吊筋相同时，可在梁平法施工图上统一注明，少数与统一注明值不同时，再原位引注。

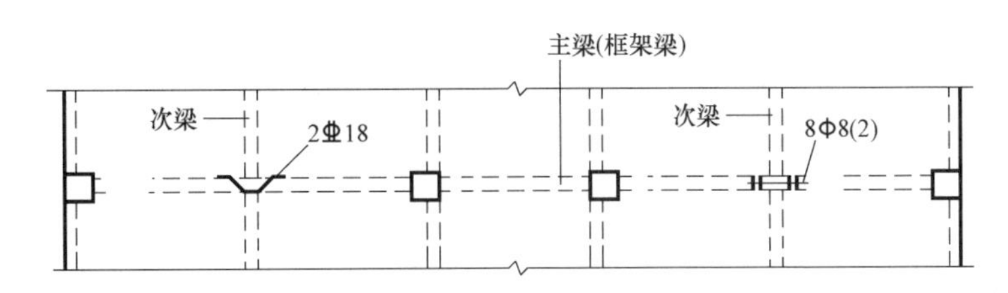

图 3-8 附加箍筋和吊筋的画法示例

施工时应注意：附加箍筋或吊筋的几何尺寸应按照标准构造详图，结合其所在位置的主梁和次梁的截面尺寸而定。

5. 框架扁梁注写方式

（1）框架扁梁注写规则同框架梁，对于上部纵筋和下部纵筋，尚需注明未穿过柱截面的纵向受力钢筋根数（图 3-9）。

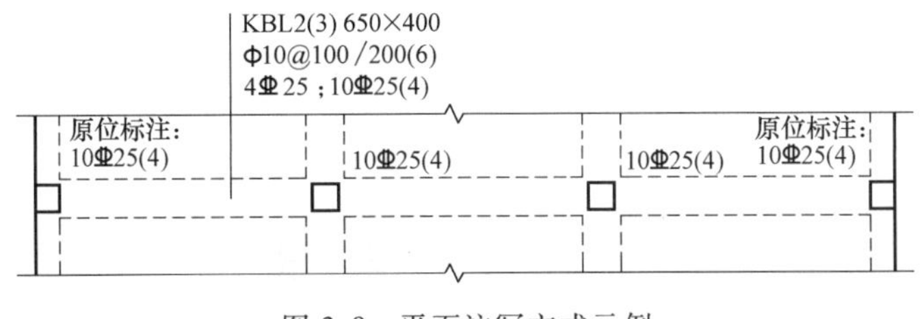

图 3-9 平面注写方式示例

（2）框架扁梁节点核心区代号为 KBH，包括柱内核心区和柱外核心区两部分。框架扁梁节点核心区钢筋注写包括柱外核心区竖向拉筋及节点核心区附加纵向钢筋，端支座节点核心区尚需注写附加 U 形箍筋。

柱内核心区箍筋见框架柱箍筋。

柱外核心区竖向拉筋，注写其钢筋级别与直径；端支座柱外核心区尚需注写附加 U 形箍筋的钢筋级别、直径及根数。

框架扁梁节点核心区附加纵向钢筋以大写字母“F”打头，注写其设置方向（X 向或 Y 向）、层数、每层的钢筋根数、钢筋级别、直径及未穿过柱截面的纵向受力钢筋根数。

设计、施工时应注意：

1）柱外核心区竖向拉筋在梁纵向钢筋两向交叉位置均布置，当布置方式与图集要求不一致时，设计应另行绘制详图。

2）框架扁梁端支座节点，柱外核心区设置U形箍筋及竖向拉筋时，在U形箍筋与位于柱外的梁纵向钢筋交叉位置均布置竖向拉筋。当布置方式与图集要求不一致时，设计应另行绘制详图。

3）附加纵向钢筋应与竖向拉筋相互绑扎。

6. 井字梁

井字梁一般由非框架梁构成，并以框架梁为支座（特殊情况下以专门设置的非框架大梁为支座）。在此情况下，为明确区分井字梁与作为井字梁支座的梁，井字梁用单粗虚线表示（当井字梁顶面高出板面时可用单粗实线表示），作为井字梁支座的梁用双细虚线表示（当梁顶面高出板面时可用双细实线表示）。

井字梁是指在同一矩形平面内相互正交所组成的结构构件，井字梁所分布范围称为“矩形平面网格区域”（简称“网格区域”）。当在结构平面布置中仅有由四根框架梁框起的一片网格区域时，所有在该区域相互正交的井字梁均为单跨；当有多片网格区域相连时，贯通多片网格区域的井字梁为多跨，且相邻两片网格区域分界处即为该井字梁的中间支座。对某根井字梁编号时，其跨数为其总支座数减1；在该梁的任意两个支座之间，无论有几根同类梁与其相交，均不作为支座（图3-10）。

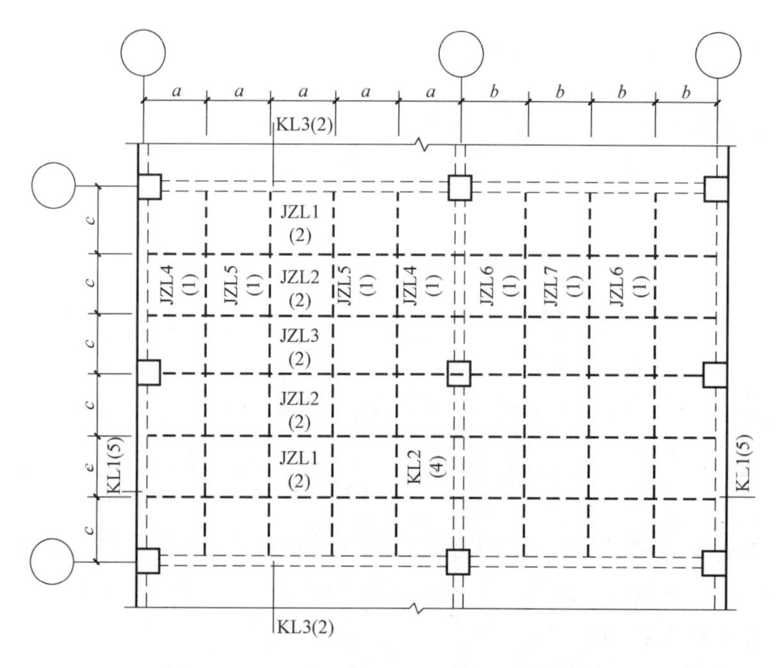

图3-10　井字梁矩形平面网格区域示意图

井字梁的注写规则符合上述第1~4条规定。除此之外，设计者应注明纵横两个方向梁相交处同一层面钢筋的上下交错关系（指梁上部或下部的同层面交错钢筋何梁在上何梁在下），以及在该相交处两方向梁箍筋的布置要求。

井字梁的端部支座和中间支座上部纵筋的伸出长度值 a_0，应由设计者在原位加注具体数值予以注明。

当采用平面注写方式时，则在原位标注的支座上部纵筋后面括号内加注具体伸出长度值，如图3-11所示。

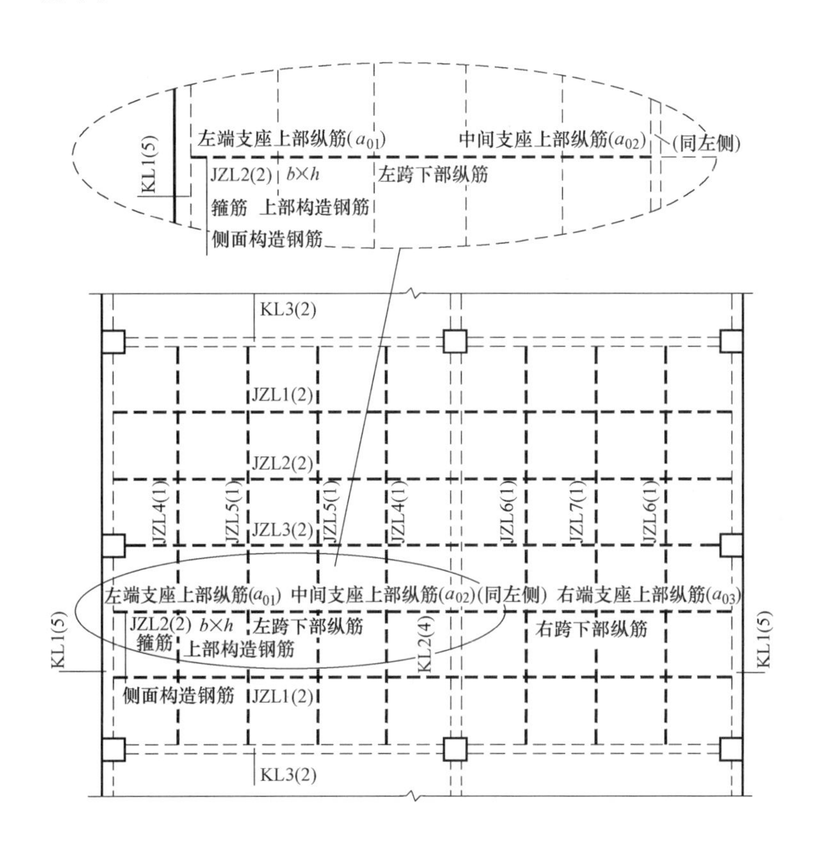

图3-11　井字梁平面注写方式示例

注：图中仅示意井字梁的注写方法，未注明截面几何尺寸 $b \times h$，支座上部纵筋伸出长度 $a_{01} \sim a_{03}$，以及纵筋与箍筋的具体数值。

当为截面注写方式时，则在梁端截面配筋图上注写的上部纵筋后面括号内加注具体伸出长度值，如图3-12所示。

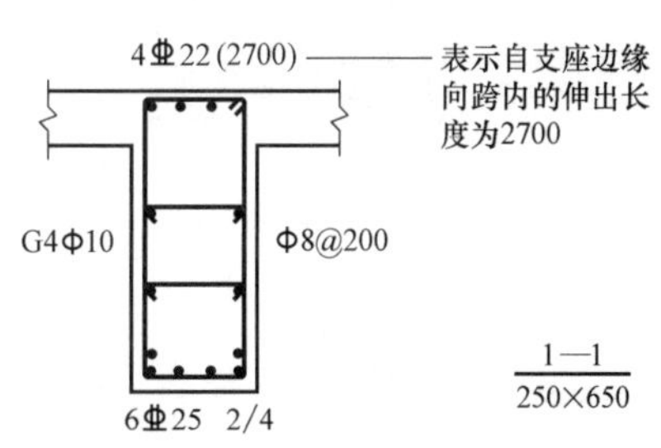

图3-12　井字梁截面注写方式示例

设计时应注意：

（1）当井字梁连续设置在两片或多排网格区域时，才具有井字梁中间支座。

（2）当某根井字梁端支座与其所在网格区域之外的非框架梁相连时，该位置上部钢筋的连续布置方式需由设计者注明。

7. 局部布置过密应放大比例

在梁平法施工图中，当局部梁的布置过密时，可将过密区用虚线框出，适当放大比例后再用平面注写方式表示。

8. 示例

采用平面注写方式表达的梁平法施工图示例，如图3-13所示。

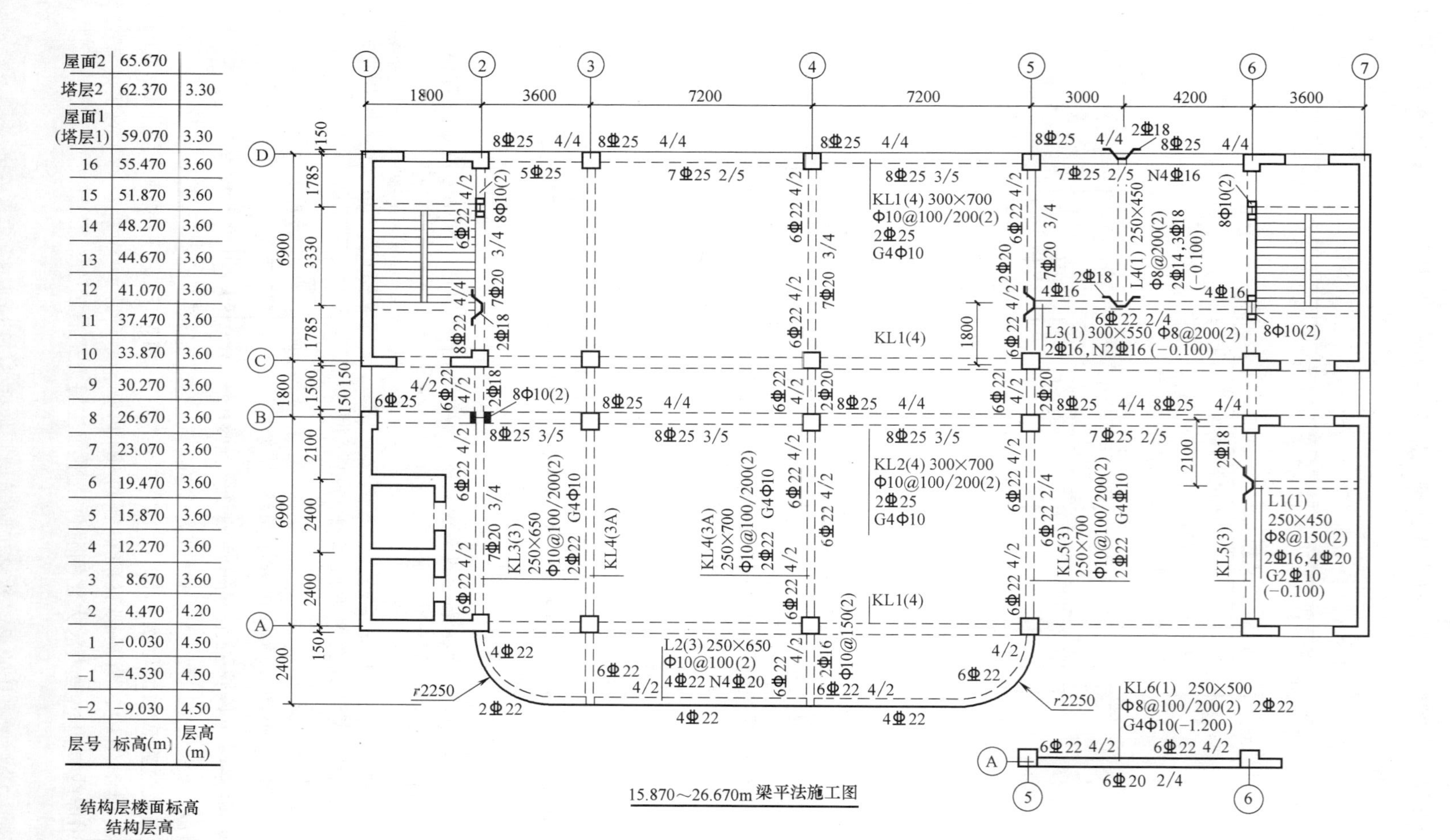

层号	标高(m)	层高(m)
屋面2	65.670	
塔层2	62.370	3.30
屋面1(塔层1)	59.070	3.30
16	55.470	3.60
15	51.870	3.60
14	48.270	3.60
13	44.670	3.60
12	41.070	3.60
11	37.470	3.60
10	33.870	3.60
9	30.270	3.60
8	26.670	3.60
7	23.070	3.60
6	19.470	3.60
5	15.870	3.60
4	12.270	3.60
3	8.670	3.60
2	4.470	4.20
1	−0.030	4.50
−1	−4.530	4.50
−2	−9.030	4.50

结构层楼面标高
结构层高

图 3-13　梁平法施工图平面注写方式示例

细节：梁构件截面注写方式

（1）截面注写方式是在分标准层绘制的梁平面布置图上，分别在不同编号的梁中各选择一根梁用剖面号引出配筋图。并在其上注写截面尺寸和配筋具体数值的方式来表达梁平法施工图。

（2）对所有梁按表 3-1 的规定进行编号，从相同编号的梁中选择一根梁，先将“单边截面号”画在该梁上，再将截面配筋详图画在本图或其他图上。当某梁的顶面标高与结构层的楼面标高不同时，尚应继其梁编号后注写梁顶面标高高差（注写规定与平面注写方式相同）。

（3）在截面配筋详图上注写截面尺寸 $b \times h$、上部筋、下部筋、侧面构造筋或受扭筋以及箍筋的具体数值时，其表达形式与平面注写方式相同。

（4）对于框架扁梁尚需在截面详图上注写未穿过柱截面的纵向受力筋根数。对于框架扁梁节点核心区附加钢筋，需采用平、剖面图表达节点核心区附加纵向钢筋、柱外核心区全部竖向拉筋以及端支座附加 U 形箍筋，注写其具体数值。

（5）截面注写方式既可以单独使用，也可与平面注写方式结合使用。

注：在梁平法施工图的平面图中，当局部区域的梁布置过密时，除了采用截面注写方式表达外，也可采用平面注写方式第 6 条的措施来表达。当表达异形截面梁的尺寸与配筋时，用截面注写方式相对比较方便。

（6）应用截面注写方式表达的梁平法施工图示例，如图 3-14 所示。

细节：梁支座上部纵筋的长度规定

（1）为方便施工，凡框架梁的所有支座和非框架梁（不包括井字梁）的中间支座上部纵筋的伸出长度 a_0 值在标准构造详图中统一取值为：第一排非通长筋及与跨中直径不同的通长筋从柱（梁）边起伸出至 $l_n/3$ 位置；第二排非通长筋伸出至 $l_n/4$ 位置。l_n 的取值规定为：对于端支座，l_n 为本跨的净跨值；对于中间支座，l_n 为支座两边较大一跨的净跨值。

（2）悬挑梁（包括其他类型梁的悬挑部分）上部第一排纵筋伸出至梁端头并下弯，第二排伸出至 $3l/4$ 位置，l 为自柱（梁）边算起的悬挑净长。当具体工程需要将悬挑梁中的部分上部钢筋从悬挑梁根部开始斜向弯下时，应由设计者另加注明。

（3）设计者在执行上述第（1）、（2）条关于梁支座端上部纵筋伸出长度的统一取值规定时，特别是在大小跨相邻和端跨外为长悬臂的情况下，还应注意按《混凝土结构设计规范（2015 年版）》（GB 50010—2010）的相关规定进行校核，若不满足时应根据规范规定进行变更。

细节：不伸入支座的梁下部纵筋长度规定

（1）当梁（不包括框支梁）下部纵筋不全部伸入支座时，不伸入支座的梁下部纵筋截断点距支座边的距离，在标准构造详图中统一取为 $0.1l_{ni}$，（l_{ni} 为本跨梁的净跨值）。

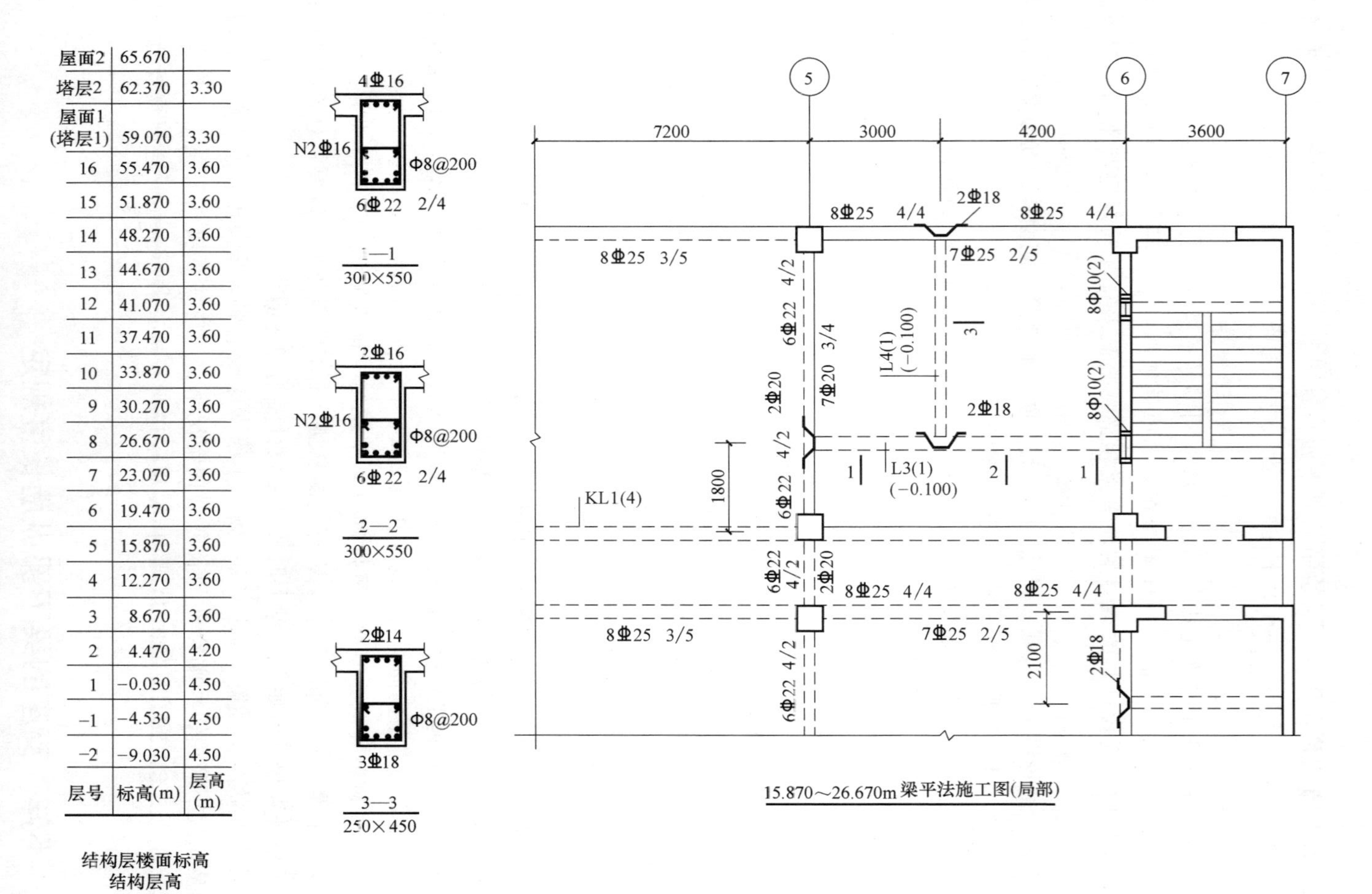

层号	标高(m)	层高(m)
屋面2	65.670	
塔层2	62.370	3.30
屋面1(塔层1)	59.070	3.30
16	55.470	3.60
15	51.870	3.60
14	48.270	3.60
13	44.670	3.60
12	41.070	3.60
11	37.470	3.60
10	33.870	3.60
9	30.270	3.60
8	26.670	3.60
7	23.070	3.60
6	19.470	3.60
5	15.870	3.60
4	12.270	3.60
3	8.670	3.60
2	4.470	4.20
1	−0.030	4.50
−1	−4.530	4.50
−2	−9.030	4.50

图 3-14　梁平法施工图截面注写方式示例

（2）当按上述第（1）条规定确定不伸入支座的梁下部纵筋的数量时，应符合《混凝土结构设计规范（2015年版）》（GB 50010—2010）的有关规定。

细节：楼层框架梁上下通长筋翻样

1. 两端端支座均为直锚

两端端支座均为直锚钢筋构造如图3-15所示，l_{aE}为纵向受拉钢筋的抗震锚固长度。

上、下部通长筋长度=通跨净长 l_n+左 $\max(l_{aE},0.5h_c+5d)$+右 $\max(l_{aE},0.5h_c+5d)$

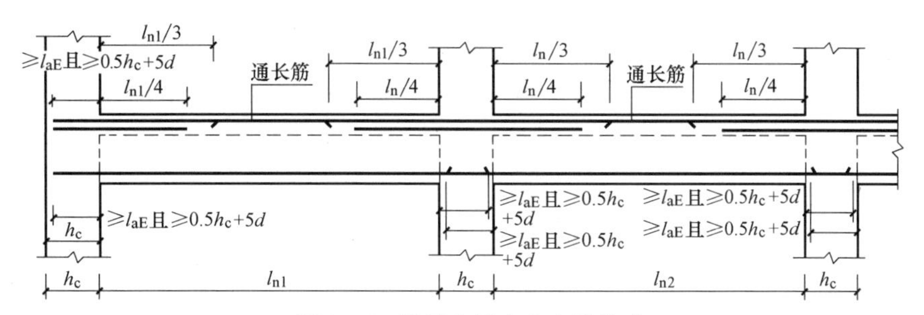

图3-15　纵筋在端支座直锚构造

2. 两端端支座均为弯锚

两端端支座均为弯锚钢筋构造如图3-16所示，l_{abE}为抗震设计时受拉钢筋基本锚固长度。

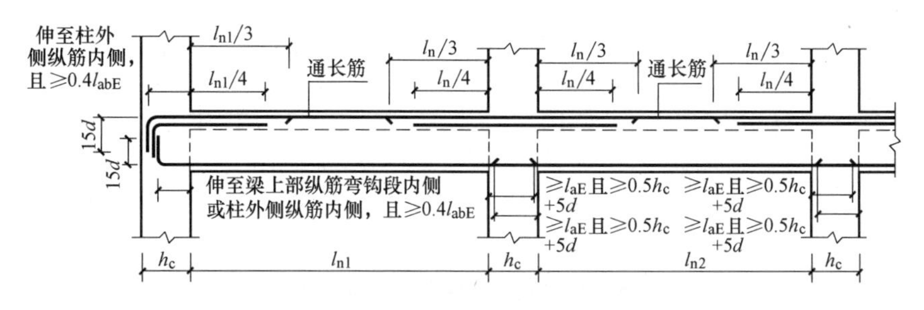

图3-16　纵筋在端支座弯锚构造

上、下部通长筋长度=梁长-2×保护层厚度+15d左+15d右

3. 端支座一端直锚一端弯锚

端支座一端直锚一端弯锚钢筋构造如图3-17所示。

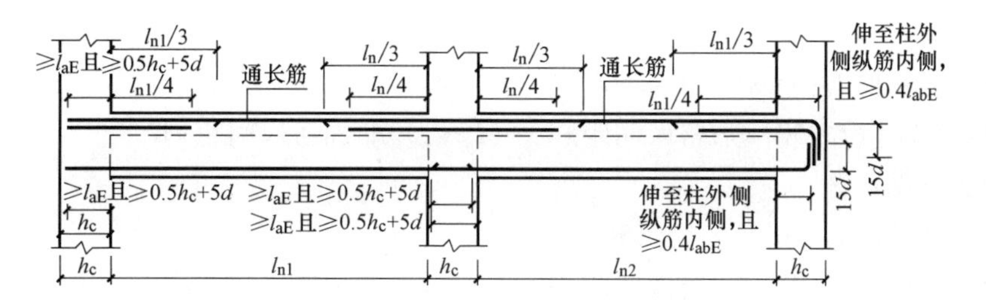

图3-17　纵筋在端支座直锚和弯锚构造

上、下部通长筋长度 = 通跨净长 l_n + 左 $\max(l_{aE}, 0.5h_c+5d)$ + 右 h_c − 保护层厚度 + $15d$

细节：框架梁下部非通长筋翻样

1. 两端端支座均为直锚

两端端支座均为直锚钢筋构造如图 3-15 所示。

边跨下部非通长筋长度 = 净长 l_{n1} + 左 $\max(l_{aE}, 0.5h_c+5d)$ + 右 $\max(l_{aE}, 0.5h_c+5d)$

中间跨下部非通长筋长度 = 净长 l_{n2} + 左 $\max(l_{aE}, 0.5h_c+5d)$ + 右 $\max(l_{aE}, 0.5h_c+5d)$

2. 两端端支座均为弯锚

两端端支座均为弯锚钢筋构造如图 3-16 所示。

边跨下部非通长筋长度 = 净长 l_{n1} + 左 h_c − 保护层厚度 + 右 $\max(l_{aE}, 0.5h_c+5d)$

中间跨下部非通长筋长度 = 净长 l_{n2} + 左 $\max(l_{aE}, 0.5h_c+5d)$ + 右 $\max(l_{aE}, 0.5h_c+5d)$

细节：框架梁下部纵筋不伸入支座翻样

不伸入支座梁下部纵筋构造如图 3-18 所示。

框架梁下部纵筋不伸入支座长度 = 净跨长 l_n − 0.1×2 净跨长 l_n = 0.8 净跨长 l_n

框支梁不可套用图 3-18。

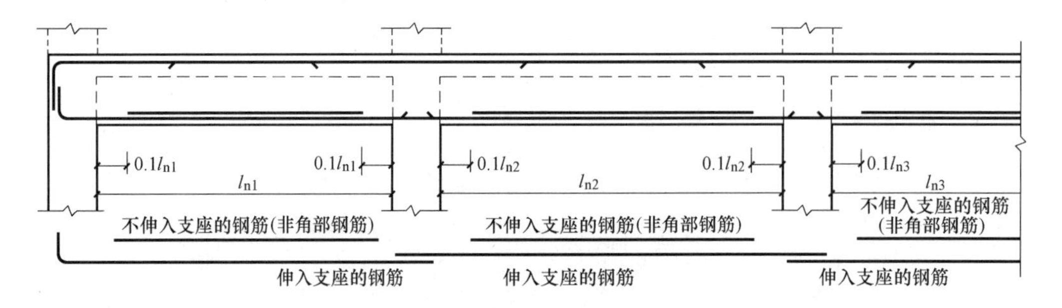

图 3-18　不伸入支座梁下部纵向钢筋构造

细节：框架梁箍筋翻样

框架梁箍筋构造如图 3-19 所示。

一级抗震：

箍筋加密区长度 $l_1 = \max(2.0h_b, 500)$

箍筋根数 = 2×[(l_1-50)/加密区间距+1]+(l_n-l_1)/非加密区间距−1

二至四级抗震：

箍筋加密区长度 $l_2 = \max(1.5h_b, 500)$

箍筋根数 = 2×[(l_2-50)/加密区间距+1]+(l_n-l_2)/非加密区间距−1

箍筋预算长度 = $(b+h)\times2-8\times c+2\times1.9d+\max(10d, 75)\times2+8d$

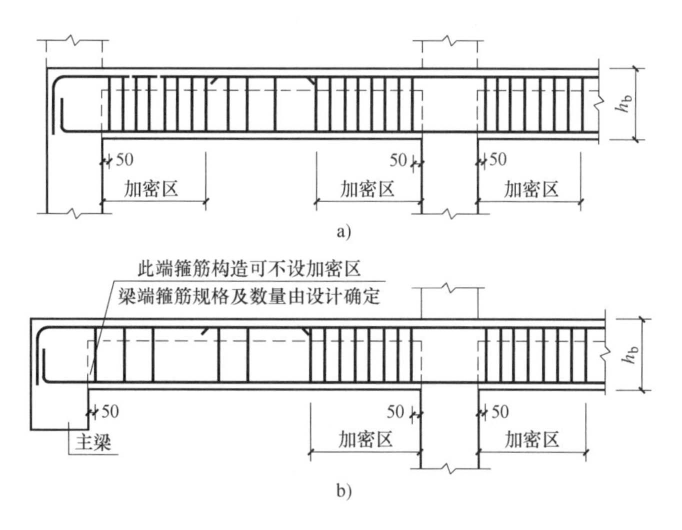

图 3-19　框架梁和屋面框架梁箍筋构造

a）箍筋加密区范围（一）　b）箍筋加密区范围（二）

箍筋下料长度 = $(b+h)\times2-8\times c+2\times1.9d+\max(10d,75)\times2+8d-3\times1.75d$

内箍预算长度 = $\{[(b-2\times-D)/n-1]\times j+D\}\times2+2\times(h-c)+2\times1.9d+\max(10d,75)\times2+8d$

内箍下料长度 = $\{[(b-2\times-D)/n-1]\times j+D\}\times2+2\times(h-c)+2\times1.9d+\max(10d,75)\times2+8d-3\times1.75d$

式中　b——梁宽度；

h——梁高度；

c——混凝土保护层厚度；

d——箍筋直径；

n——纵筋根数；

D——纵筋直径；

j——内箍根数，j = 内箍内梁纵筋数量 −1。

细节：框架梁附加箍筋、吊筋翻样

1. 附加箍筋

框架梁附加箍筋构造如图 3-20 所示。

附加箍筋间距 8d（d 为箍筋直径）且不大于梁正常箍筋间距。

附加箍筋根数如果设计注明则按设计，设计只注明间距而未注写具体数量按平法构造。

附加箍筋根数 = 2×[（主梁高 − 次梁高 + 次梁宽 − 50）/附加箍筋间距 + 1]]

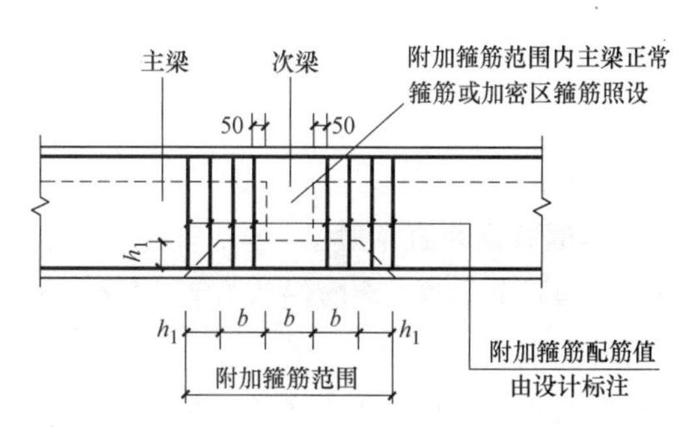

图 3-20　框架梁附加箍筋构造

2. 附加吊筋

框架梁附加吊筋构造如图3-21所示。

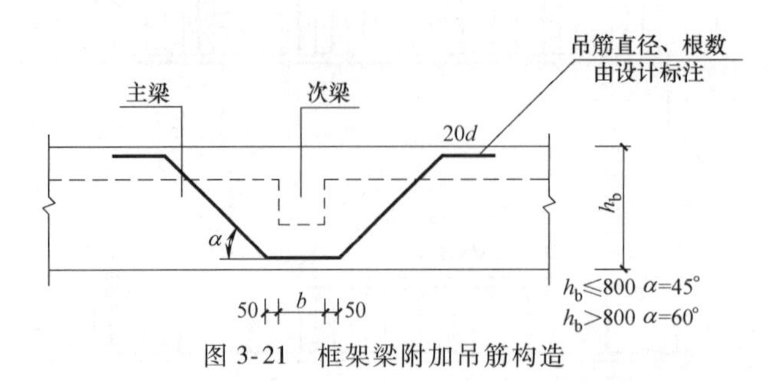

图3-21 框架梁附加吊筋构造

附加吊筋长度=次梁宽+2×50+2×(主梁高-保护层厚度)/sinα+2×20d

细节：非框架梁钢筋翻样

非框架梁钢筋构造如图3-22所示。

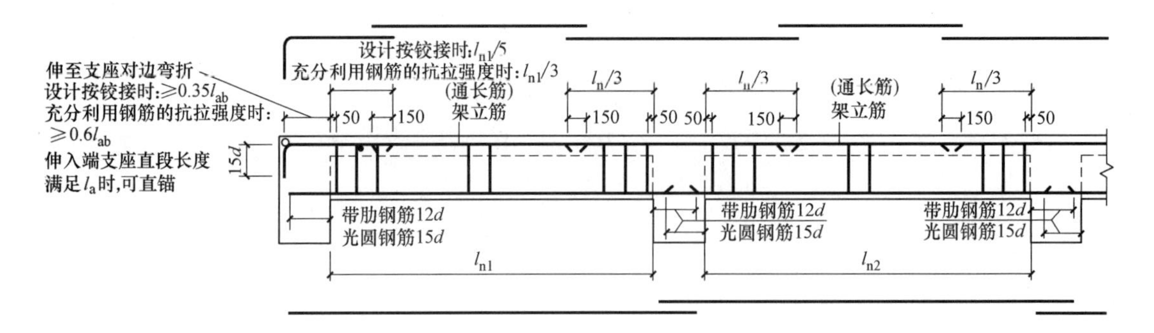

图3-22 非框架梁钢筋构造

非框架梁上部纵筋长度=通跨净长 l_n+左支座宽+右支座宽-2×保护层厚度+2×15d

1. 非框架梁为弧形梁时

当非框架梁直锚时：

下部通长筋长度=通跨净长 $l_n+2\times l_a$

当非框架梁不为直锚时：

下部通长筋长度=通跨净长 l_n+左支座宽+右支座宽-2×保护层厚度+2×15d

非框架梁端支座负筋长度=$l_n/3$+支座宽-保护层厚度+15d

非框架梁中间支座负筋长度=max($l_n/3, 2l_n/3$)+支座宽

2. 非框架梁为直梁时

下部通长筋长度=通跨净长 $l_n+2\times12d$

当梁下部纵筋为光圆钢筋时：

下部通长筋长度=通跨净长 $l_n+2\times15d$

非框架梁端支座负筋长度=$l_n/5$+支座宽-保护层厚度+15d

当端支座为柱、剪力墙、框支梁或深梁时：

非框架梁端支座负筋长度=$l_n/3$+支座宽-保护层厚度+$15d$

非框架梁中间支座负筋长度=$\max(l_n/3, 2l_n/3)$+支座宽

细节：框支梁钢筋翻样

框支梁钢筋构造如图 3-23 所示。

框支梁上部纵筋长度=梁总长-2×保护层厚度+2×梁高 h+$2\times l_{aE}$

当框支梁下部纵筋为直锚时：

框支梁下部纵筋长度=梁跨净长 l_n+左 $\max(l_{aE}, 0.5h_c+5d)$+右 $\max(l_{aE}, 0.5h_c+5d)$

当框支梁下部纵筋不为直锚时：

框支梁下部纵筋长度=梁总长-2×保护层厚度+$2\times 15d$

框支梁箍筋数量=2×[$\max(0.2l_{n1}, 1.5h_b)$/加密区间距+1]+(l_n-加密区长度)/非加密区间距-1

框支梁侧面纵筋同框支梁下部纵筋。

框支梁支座负筋=$\max(l_{n1}/3, l_{n2}/3)$+支座宽（第二排同第一排）

细节：贯通筋的加工下料尺寸计算

1. 贯通筋加工下料尺寸计算推导

贯通筋的加工尺寸，分为三段，如图 3-24 所示。

图中“$\geqslant 0.4l_{aE}$”，表示一、二、三、四级抗震等级钢筋，进入柱中，水平方向的锚固长度值。“$15d$”表示在柱中竖向的锚固长度值。

在标注贯通筋加工尺寸时，不要忘记它是标注的外皮尺寸。这时，在求下料长度时，需要减去由于有两个直角钩，而发生的外皮差值，见表 3-2。

表 3-2　钢筋外皮尺寸的差值

弯曲角度	HPB300 级主筋	轻骨料中 HPB300 级主筋	HRB335 级主筋	HRB400 级主筋	箍筋	平法框架主筋		
	$R=1.25d$	$R=1.75d$	$R=2d$	$R=2.5d$	$R=2.5d$	$R=4d$	$R=6d$	$R=8d$
30°	$0.29d$	$0.296d$	$0.299d$	$0.305d$	$0.305d$	$0.323d$	$0.348d$	$0.373d$
45°	$0.49d$	$0.511d$	$0.522d$	$0.543d$	$0.543d$	$0.608d$	$0.694d$	$0.78d$
60°	$0.765d$	$0.819d$	$0.846d$	$0.9d$	$0.9d$	$1.061d$	$1.276d$	$1.491d$
90°	$1.751d$	$1.966d$	$2.073d$	$2.288d$	$2.288d$	$2.931d$	$3.79d$	$4.648d$
135°	$2.24d$	$2.477d$	$2.595d$	$2.831d$	$2.831d$	$3.539d$	$4.484d$	$5.428d$
180°	$3.502d$	$3.932d$	$4.146d$	$4.576d$	$4.576d$			

注：1. 135°和 180°的差值必须具备准确的外皮尺寸值。

2. 平法框架主筋 $d\leqslant 25$mm 时，$R=4d(6d)$；$d>25$mm 时，$R=6d(8d)$。括号内数值为顶层边节点要求。

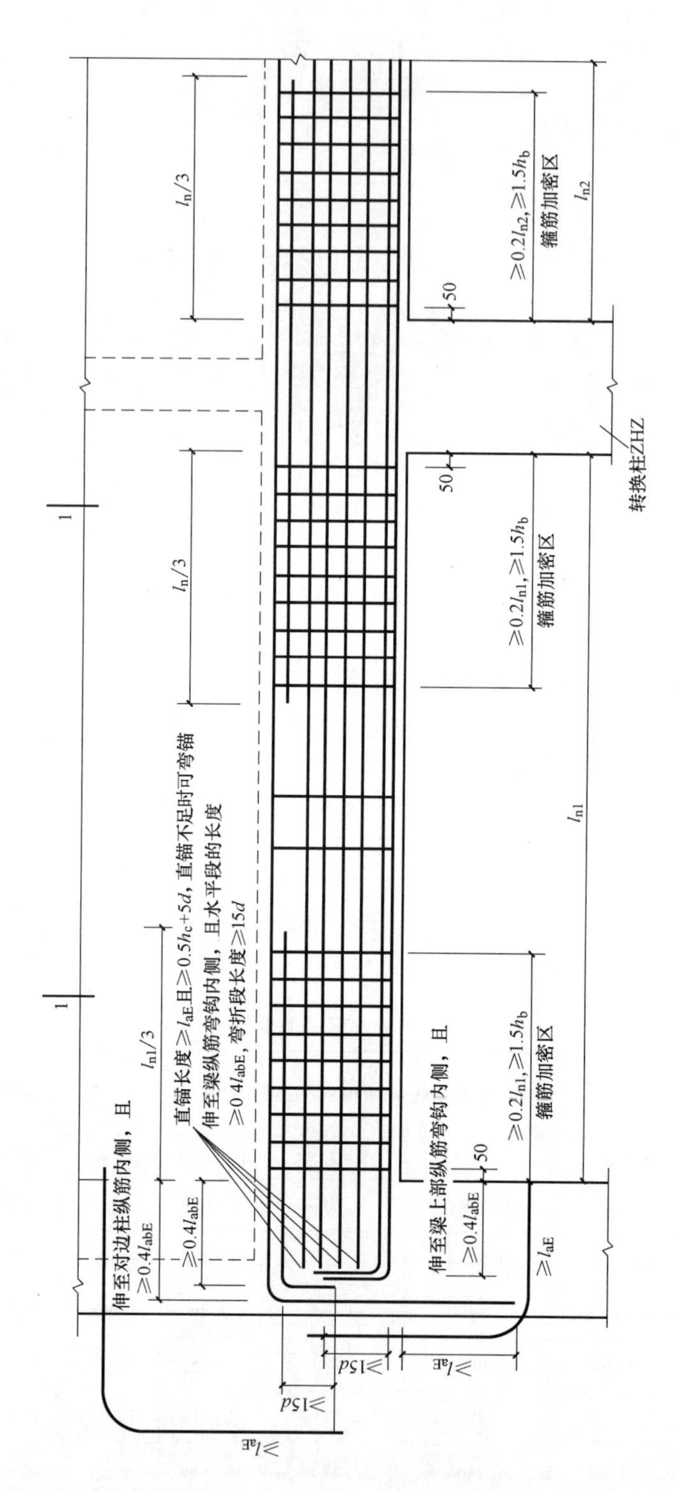

图 3-23　框支梁钢筋构造
（也可用于托柱转换梁 TZL）

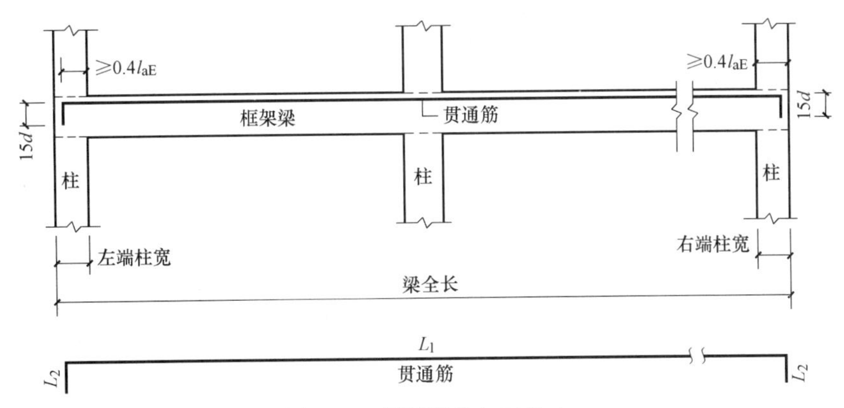

图 3-24　贯通筋的加工尺寸

在框架结构的构件中，纵向受力钢筋的直角弯曲半径，单独有规定。

在框架结构的构件中，常用的钢筋，有 HRB335 级和 HRB400 级钢筋；常用的混凝土，有 C30、C35 和≥C40 的几种。另外，还要考虑结构的抗震等级等因素。

综合上述各种因素，为了计算方便，用表的形式，把计算公式列入其中。见表 3-3~表 3-8。l_{aE}为纵向受拉钢筋的抗震锚固长度。

表 3-3　HRB335 级钢筋 C30 混凝土框架梁贯通筋计算　（单位：mm）

抗震等级	l_{aE}	直径	L_1	L_2	下料长度
一级抗震	33d	$d \leqslant 25$	梁全长-左端柱宽-右端柱宽+2×13.2d	15d	$L_1+2 \times L_2-2\times$外皮差值
二级抗震	33d		梁全长-左端柱宽-右端柱宽+2×13.2d		
三级抗震	30d		梁全长-左端柱宽-右端柱宽+2×12d		
四级抗震	29d		梁全长-左端柱宽-右端柱宽+2×11.6d		

表 3-4　HRB335 级钢筋 C35 混凝土框架梁贯通筋计算　（单位：mm）

抗震等级	l_{aE}	直径	L_1	L_2	下料长度
一级抗震	31d	$d \leqslant 25$	梁全长-左端柱宽-右端柱宽+2×12.4d	15d	$L_1+2 \times L_2-2\times$外皮差值
二级抗震	31d		梁全长-左端柱宽-右端柱宽+2×12.4d		
三级抗震	28d		梁全长-左端柱宽-右端柱宽+2×11.2d		
四级抗震	27d		梁全长-左端柱宽-右端柱宽+2×10.8d		

表 3-5　HRB335 级钢筋≥C40 混凝土框架梁贯通筋计算　（单位：mm）

抗震等级	l_{aE}	直径	L_1	L_2	下料长度
一级抗震	29d	$d \leqslant 25$	梁全长-左端柱宽-右端柱宽+2×11.6d	15d	$L_1+2 \times L_2-2\times$外皮差值
二级抗震	29d		梁全长-左端柱宽-右端柱宽+2×11.6d		
三级抗震	26d		梁全长-左端柱宽-右端柱宽+2×10.4d		
四级抗震	25d		梁全长-左端柱宽-右端柱宽+2×10d		

表 3-6 HRB400 级钢筋 C30 混凝土框架梁贯通筋计算 （单位：mm）

抗震等级	l_{aE}	直径	L_1	L_2	下料长度
一级抗震	40d	d≤25	梁全长-左端柱宽-右端柱宽+2×16d	15d	$L_1+2\times L_2-2\times$ 外皮差值
	45d	d>25	梁全长-左端柱宽-右端柱宽+2×18d		
二级抗震	40d	d≤25	梁全长-左端柱宽-右端柱宽+2×16d		
	45d	d>25	梁全长-左端柱宽-右端柱宽+2×18d		
三级抗震	37d	d≤25	梁全长-左端柱宽-右端柱宽+2×14.8d		
	41d	d>25	梁全长-左端柱宽-右端柱宽+2×16.4d		
四级抗震	35d	d≤25	梁全长-左端柱宽-右端柱宽+2×14d		
	39d	d>25	梁全长-左端柱宽-右端柱宽+2×15.6d		

表 3-7 HRB400 级钢筋 C35 混凝土框架梁贯通筋计算 （单位：mm）

抗震等级	l_{aE}	直径	L_1	L_2	下料长度
一级抗震	37d	d≤25	梁全长-左端柱宽-右端柱宽+2×14.8d	15d	$L_1+2\times L_2-2\times$ 外皮差值
	40d	d>25	梁全长-左端柱宽-右端柱宽+2×16d		
二级抗震	37d	d≤25	梁全长-左端柱宽-右端柱宽+2×14.8d		
	40d	d>25	梁全长-左端柱宽-右端柱宽+2×16d		
三级抗震	34d	d≤25	梁全长-左端柱宽-右端柱宽+2×13.6d		
	37d	d>25	梁全长-左端柱宽-右端柱宽+2×14.8d		
四级抗震	32d	d≤25	梁全长-左端柱宽-右端柱宽+2×12.8d		
	35d	d>25	梁全长-左端柱宽-右端柱宽+2×14d		

表 3-8 HRB400 级钢筋≥C40 混凝土框架梁贯通筋计算 （单位：mm）

抗震等级	l_{aE}	直径	L_1	L_2	下料长度
一级抗震	33d	d≤25	梁全长-左端柱宽-右端柱宽+2×13.2d	15d	$L_1+2\times L_2-2\times$ 外皮差值
	37d	d>25	梁全长-左端柱宽-右端柱宽+2×14.8d		
二级抗震	33d	d≤25	梁全长-左端柱宽-右端柱宽+2×13.2d		
	37d	d>25	梁全长-左端柱宽-右端柱宽+2×14.8d		
三级抗震	30d	d≤25	梁全长-左端柱宽-右端柱宽+2×12d		
	34d	d>25	梁全长-左端柱宽-右端柱宽+2×13.6d		
四级抗震	29d	d≤25	梁全长-左端柱宽-右端柱宽+2×11.6d		
	32d	d>25	梁全长-左端柱宽-右端柱宽+2×12.8d		

2. 贯通筋的加工、下料尺寸算例

【例 3-1】已知抗震等级为二级的框架楼层连续梁，选用 HRB335 级钢筋，直径 $d=22$，C30 混凝土，梁全长 30m，两端柱宽度均为 500mm，求加工尺寸（即简图及其外皮尺寸）和下料长度尺寸。

解：

L_1 = 梁全长 − 左端柱宽度 − 右端柱宽度 + 13.2d

= (30000−500−500+13.2×22) mm

= 29290.4mm

$L_2 = 15d$

= 15×22mm

= 330mm

下料长度 = L_1 + 2×L_2 − 2×外皮差值（外皮差值，查表 3-2 得）

= 29290.4+2×330−2×2.931d ≈ 29821mm

细节：边跨上部直角筋的加工下料尺寸计算

1. 边跨上部一排直角筋的加工、下料尺寸计算原理

结合图 3-25 及图 3-26 可知，这是梁与边柱接交处，放置在梁的上部，承受负弯矩的直角形钢筋。钢筋的 L_1 部分，是由两部分组成：即由 1/3 边净跨长度，加上 $0.4l_{aE}$。计算时参看表 3-9 ~ 表 3-14 进行。

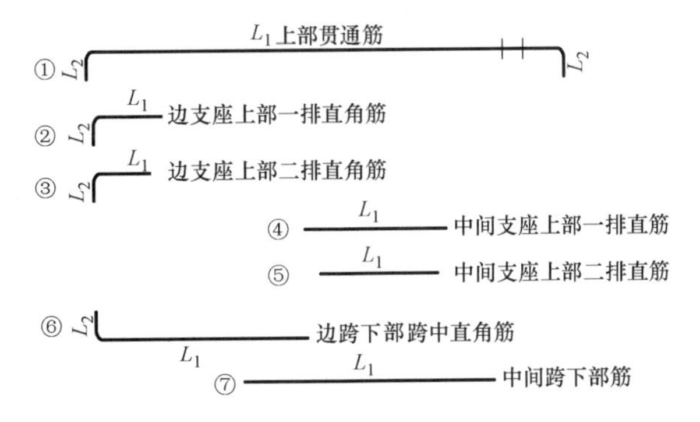

图 3-25 边跨下部直角筋的示意图

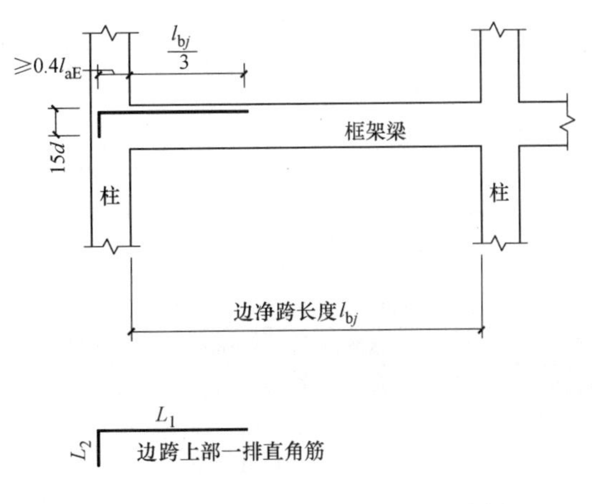

图 3-26 边跨上部直角筋的示意图

表 3-9　HRB335 级钢筋 C30 混凝土框架梁边跨上部一排直角筋计算　（单位：mm）

抗震等级	l_{aE}	直径	L_1	L_2	下料长度
一级抗震	33*d*	$d \leqslant 25$	边净跨长度/3+13.2*d*	15*d*	L_1+L_2-外皮差值
二级抗震	33*d*		边净跨长度/3+13.2*d*		
三级抗震	30*d*		边净跨长度/3+12*d*		
四级抗震	29*d*		边净跨长度/3+11.6*d*		

表 3-10　HRB335 级钢筋 C35 混凝土框架梁边跨上部一排直角筋计算　（单位：mm）

抗震等级	l_{aE}	直径	L_1	L_2	下料长度
一级抗震	31*d*	$d \leqslant 25$	边净跨长度/3+12.4*d*	15*d*	L_1+L_2-外皮差值
二级抗震	31*d*		边净跨长度/3+12.4*d*		
三级抗震	28*d*		边净跨长度/3+11.2*d*		
四级抗震	27*d*		边净跨长度/3+10.8*d*		

表 3-11　HRB335 级钢筋≥C40 混凝土框架梁边跨上部一排直角筋计算　（单位：mm）

抗震等级	l_{aE}	直径	L_1	L_2	下料长度
一级抗震	29*d*	$d \leqslant 25$	边净跨长度/3+11.6*d*	15*d*	L_1+L_2-外皮差值
二级抗震	29*d*		边净跨长度/3+11.6*d*		
三级抗震	26*d*		边净跨长度/3+10.4*d*		
四级抗震	25*d*		边净跨长度/3+10*d*		

表 3-12　HRB400 级钢筋 C30 混凝土框架梁边跨上部一排直角筋计算　（单位：mm）

抗震等级	l_{aE}	直径	L_1	L_2	下料长度
一级抗震	40*d*	$d \leqslant 25$	边净跨长度/3+16*d*	15*d*	L_1+L_2-外皮差值
	45*d*	$d>25$	边净跨长度/3+18*d*		
二级抗震	40*d*	$d \leqslant 25$	边净跨长度/3+16*d*		
	45*d*	$d>25$	边净跨长度/3+18*d*		
三级抗震	37*d*	$d \leqslant 25$	边净跨长度/3+14.8*d*		
	41*d*	$d>25$	边净跨长度/3+16.4*d*		
四级抗震	35*d*	$d \leqslant 25$	边净跨长度/3+14*d*		
	39*d*	$d>25$	边净跨长度/3+15.6*d*		

表 3-13　HRB400 级钢筋 C35 混凝土框架梁边跨上部一排直角筋计算　（单位：mm）

抗震等级	l_{aE}	直径	L_1	L_2	下料长度
一级抗震	37*d*	$d \leqslant 25$	边净跨长度/3+14.8*d*	15*d*	L_1+L_2-外皮差值
	40*d*	$d>25$	边净跨长度/3+16*d*		
二级抗震	37*d*	$d \leqslant 25$	边净跨长度/3+14.8*d*		
	40*d*	$d>25$	边净跨长度/3+16*d*		
三级抗震	34*d*	$d \leqslant 25$	边净跨长度/3+13.6*d*		
	37*d*	$d>25$	边净跨长度/3+14.8*d*		
四级抗震	32*d*	$d \leqslant 25$	边净跨长度/3+12.8*d*		
	35*d*	$d>25$	边净跨长度/3+14*d*		

表 3-14　HRB400 级钢筋≥C40 混凝土框架梁边跨上部一排直角筋计算（单位：mm）

抗震等级	l_{aE}	直径	L_1	L_2	下料长度
一级抗震	33d	d≤25	边净跨长度/3+13.2d	15d	L_1+L_2-外皮差值
	37d	d>25	边净跨长度/3+14.8d		
二级抗震	33d	d≤25	边净跨长度/3+13.2d		
	37d	d>25	边净跨长度/3+14.8d		
三级抗震	30d	d≤25	边净跨长度/3+12d		
	34d	d>25	边净跨长度/3+13.6d		
四级抗震	29d	d≤25	边净跨长度/3+11.6d		
	32d	d>25	边净跨长度/3+12.8d		

2. 边跨上部一排直角筋的加工、下料尺寸算例

【**例 3-2**】已知抗震等级为一级的框架楼层连续梁，选用 HRB400 钢筋，直径 d=24mm，C35 混凝土，边净跨长度为 5m，求加工尺寸（即简图及其外皮尺寸）和下料长度尺寸。

解：

L_1 = 1/3 边净跨长度+0.4l_{aE}（查表 3-13）

= 5000/3+14.8d

≈(1667+14.8×24)mm

≈2022mm

$L_2 = 15d$

= 15×24mm

= 360mm

下料长度 = L_1+L_2-外皮差值（外皮差值查表 3-2）

= 2022+360-2.931d

= (2022+360-2.931×24)mm

≈2312mm

3. 边跨上部二排直角筋的加工、下料尺寸计算

边跨上部二排直角筋的加工、下料尺寸和边跨上部一排直角筋的加工、下料尺寸的计算方法，基本相同。仅差在 L_1 中前者是 1/4 边净跨长度，而后者是 1/3 边净跨长度。参看图 3-27。

计算方法与前节类似，计算步骤此处就省略了。

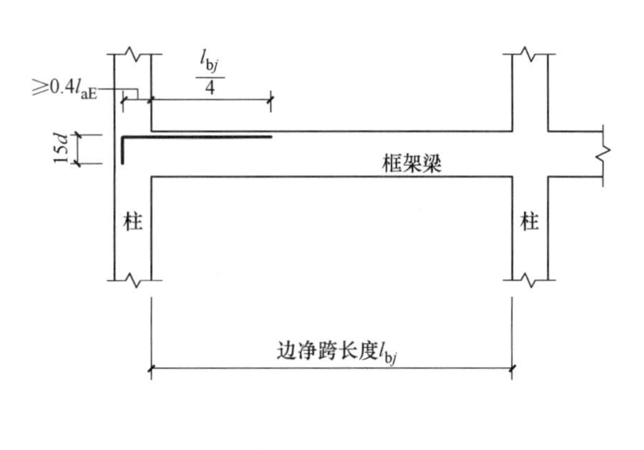

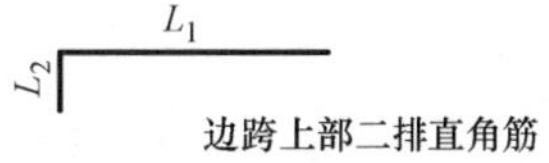

图 3-27　边跨上部二排直角筋的示意图

细节：中间支座上部直筋的加工下料尺寸计算

1. 中间支座上部一排直筋的加工、下料尺寸计算原理

图 3-28 所示为中间支座上部一排直筋的示意图，此类直筋的加工、下料尺寸只需取其左、右两净跨长度大者的 1/3 再乘以 2，而后加入中间柱宽即可。

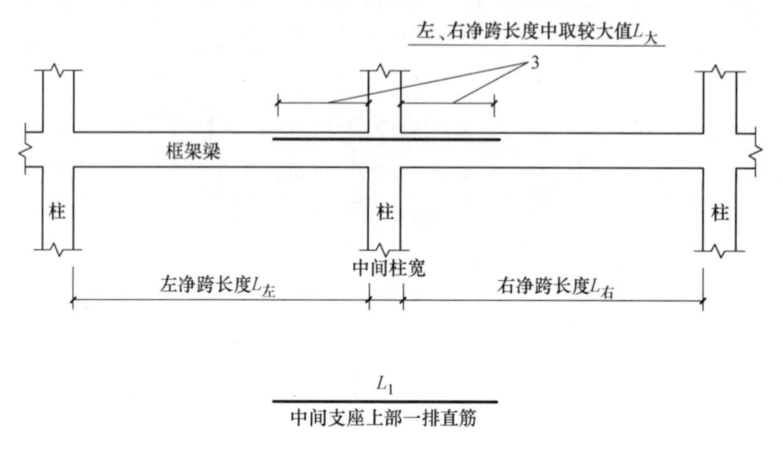

图 3-28　中间支座上部一排直筋的示意图

设：左净跨长度 = $L_{左}$。

　　右净跨长度 = $L_{右}$。

左、右净跨长度中取较大值 = $L_{大}$。则有

$L_1 = 2 \times L_{大}/3 +$ 中间柱宽

2. 中间支座上部一排直筋加工、下料尺寸算例

【例 3-3】 已知框架楼层连续梁，直径 $d = 24$mm，左净跨长度为 5.5m，右净跨长度为 5.4m，柱宽为 450mm，求钢筋下料长度尺寸。

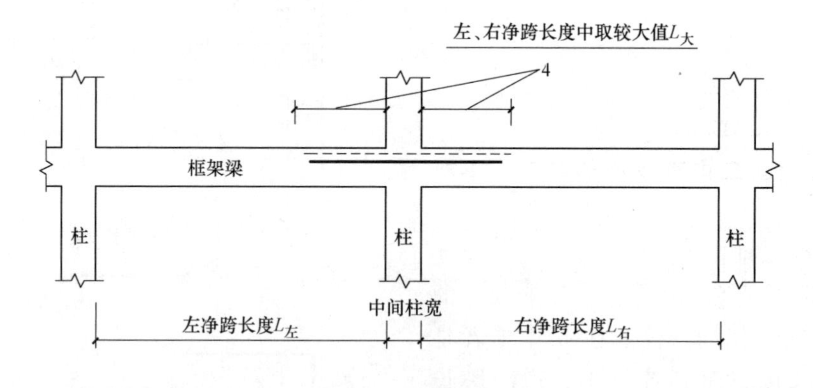

图 3-29　中间支座上部二排直筋的示意图

解：

$L_1 = 2\times5500/3+450$

$\approx 4117\text{mm}$

3. 中间支座上部二排直筋的加工、下料尺寸

如图 3-29 所示，中间支座上部二排直筋的加工、下料尺寸计算与中间支座上部一排直筋基本相同，只是取左、右两跨长度大的 1/4 进行计算。

设：左净跨长度 $=L_{左}$。

　　右净跨长度 $=L_{右}$。

左、右净跨长度中取较大值 $=L_{大}$。则有

$L_1 = 2\times L_{大}/4+$中间柱宽

细节：边跨下部跨中直角筋的加工下料尺寸计算

1. 计算原理

如图 3-30 所示，L_1是由三部分组成，即锚入边柱部分、锚入中柱部分、边净跨度部分。

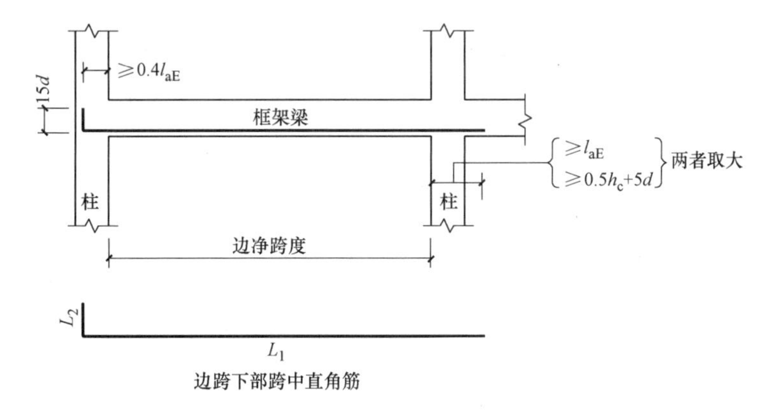

图 3-30　边跨下部跨中直角筋详图

下料长度 $=L_1+L_2-$外皮差值。

具体计算见表 3-15～表 3-20。在表 3-15～表 3-20 的附注中，提及的 h_c，系指框架方向柱宽。

表 3-15　HRB335 级钢筋 C30 混凝土框架梁边跨下部跨中直角筋计算　（单位：mm）

抗震等级	l_{aE}	直径	L_1	L_2	下料长度
一级抗震	33d	$d\leqslant25$	13.2d+边净跨度+锚固值	15d	L_1+L_2-外皮差值
二级抗震	33d		13.2d+边净跨度+锚固值		
三级抗震	30d		12d+边净跨度+锚固值		
四级抗震	29d		11.6d+边净跨度+锚固值		

注：l_{aE}与 0.5h_c+5d，两者取大，令其等于“锚固值”；外皮差值查表 3-2。

表 3-16 HRB335 级钢筋 C35 混凝土框架梁边跨下部跨中直角筋计算 （单位：mm）

抗震等级	l_{aE}	直径	L_1	L_2	下料长度
一级抗震	31*d*	*d*≤25	12.4*d*+边净跨度+锚固值	15*d*	L_1+L_2-外皮差值
二级抗震	31*d*		12.4*d*+边净跨度+锚固值		
三级抗震	28*d*		11.2*d*+边净跨度+锚固值		
四级抗震	27*d*		10.8*d*+边净跨度+锚固值		

注：l_{aE}与0.5h_c+5*d*，两者取大，令其等于“锚固值”；外皮差值查表 3-2。

表 3-17 HRB335 级钢筋≥C40 混凝土框架梁边跨下部跨中直角筋计算 （单位：mm）

抗震等级	l_{aE}	直径	L_1	L_2	下料长度
一级抗震	29*d*	*d*≤25	11.6*d*+边净跨度+锚固值	15*d*	L_1+L_2-外皮差值
二级抗震	29*d*		11.6*d*+边净跨度+锚固值		
三级抗震	26*d*		10.4*d*+边净跨度+锚固值		
四级抗震	25*d*		10*d*+边净跨度+锚固值		

注：l_{aE}与0.5h_c+5*d*，两者取大，令其等于“锚固值”；外皮差值查表 3-2。

表 3-18 HRB400 级钢筋 C30 混凝土框架梁边跨下部跨中直角筋计算 （单位：mm）

抗震等级	l_{aE}	直径	L_1	L_2	下料长度
一级抗震	40*d*	*d*≤25	16*d*+边净跨度+锚固值	15*d*	L_1+L_2-外皮差值
	45*d*	*d*>25	18*d*+边净跨度+锚固值		
二级抗震	40*d*	*d*≤25	16*d*+边净跨度+锚固值		
	45*d*	*d*>25	18*d*+边净跨度+锚固值		
三级抗震	37*d*	*d*≤25	14.8*d*+边净跨度+锚固值		
	41*d*	*d*>25	16.4*d*+边净跨度+锚固值		
四级抗震	35*d*	*d*≤25	14*d*+边净跨度+锚固值		
	39*d*	*d*>25	15.6*d*+边净跨度+锚固值		

注：l_{aE}与0.5h_c+5*d*，两者取大，令其等于“锚固值”；外皮差值查表 3-2。

表 3-19 HRB400 级钢筋 C35 混凝土框架梁边跨下部跨中直角筋计算 （单位：mm）

抗震等级	l_{aE}	直径	L_1	L_2	下料长度
一级抗震	37*d*	*d*≤25	14.8*d*+边净跨度+锚固值	15*d*	L_1+L_2-外皮差值
	40*d*	*d*>25	16*d*+边净跨度+锚固值		
二级抗震	37*d*	*d*≤25	14.8*d*+边净跨度+锚固值		
	40*d*	*d*>25	16*d*+边净跨度+锚固值		
三级抗震	34*d*	*d*≤25	13.6*d*+边净跨度+锚固值		
	37*d*	*d*>25	14.8*d*+边净跨度+锚固值		
四级抗震	32*d*	*d*≤25	12.8*d*+边净跨度+锚固值		
	35*d*	*d*>25	14*d*+边净跨度+锚固值		

注：l_{aE}与0.5h_c+5*d*，两者取大，令其等于“锚固值”；外皮差值查表 3-2。

表3-20 HRB400级钢筋≥C40混凝土框架梁边跨下部跨中直角筋计算 （单位：mm）

<table>
<tr><th>抗震等级</th><th>l_{aE}</th><th>直径</th><th>L_1</th><th>L_2</th><th>下料长度</th></tr>
<tr><td rowspan="2">一级抗震</td><td>33d</td><td>d≤25</td><td>13.2d+边净跨度+锚固值</td><td rowspan="8">15d</td><td rowspan="8">L_1+L_2-外皮差值</td></tr>
<tr><td>37d</td><td>d>25</td><td>14.8d+边净跨度+锚固值</td></tr>
<tr><td rowspan="2">二级抗震</td><td>33d</td><td>d≤25</td><td>13.2d+边净跨度+锚固值</td></tr>
<tr><td>37d</td><td>d>25</td><td>14.8d+边净跨度+锚固值</td></tr>
<tr><td rowspan="2">三级抗震</td><td>30d</td><td>d≤25</td><td>12d+边净跨度+锚固值</td></tr>
<tr><td>34d</td><td>d>25</td><td>13.6d+边净跨度+锚固值</td></tr>
<tr><td rowspan="2">四级抗震</td><td>29d</td><td>d≤25</td><td>11.6d+边净跨度+锚固值</td></tr>
<tr><td>32d</td><td>d>25</td><td>12.8d+边净跨度+锚固值</td></tr>
</table>

注：l_{aE}与$0.5h_c+5d$，两者取大，令其等于“锚固值”；外皮差值查表3-2。

2. 算例

【例3-4】 已知抗震等级为四级的框架楼层连续梁，选用HRB335级钢筋，直径$d=24$mm，C30混凝土，边净跨长度为5.5m，柱宽450mm，求加工尺寸（即简图及其外皮尺寸）和下料长度尺寸。

解：

$l_{aE}=29d$

$=696\text{mm}$

$0.5h_c+5d$

$=(225+120)\text{mm}$

$=345\text{mm}$

取696

$L_1=12d+5500\text{mm}+696\text{mm}$

$=6484\text{mm}$

$L_2=15d$

$=360\text{mm}$

下料长度$=L_1+L_2-$外皮差值

$=6484\text{mm}+360\text{mm}-2.931d$

$\approx 6774\text{mm}$

细节：中间跨下部筋的加工下料尺寸计算

1. 计算原理

由图3-31可知：L_1是由三部分组成的，即锚入左柱部分、锚入右柱部分、中间净跨长度。

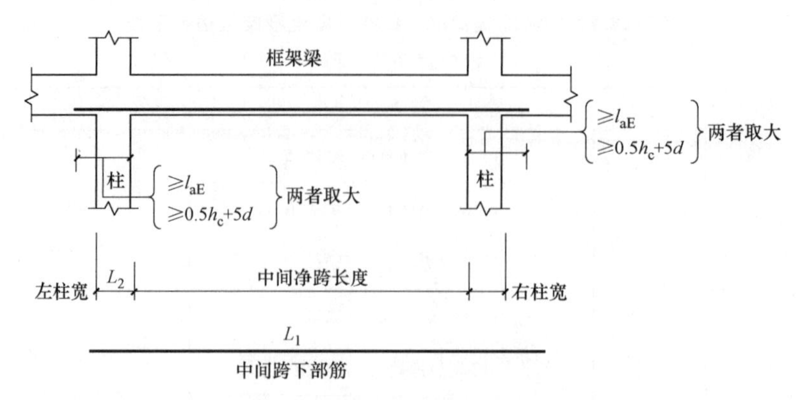

图 3-31 中间跨下部筋的示意图

下料长度 L_1 = 中间净跨长度+锚入左柱部分+锚入右柱部分

锚入左柱部分、锚入右柱部分经取较大值后，各称为“左锚固值”“右锚固值”。请注意，当左、右两柱的宽度不一样时，两个“锚固值”是不相等的。

具体计算见表 3-21～表 3-26。

表 3-21 HRB335 级钢筋 C30 混凝土框架梁中间跨下部筋计算 （单位：mm）

抗震等级	l_{aE}	直径	L_1	L_2	下料长度
一级抗震	33d	d≤25	左锚固值+中间净跨长+石锚固值	15d	L_1
二级抗震	33d				
三级抗震	30d				
四级抗震	29d				

表 3-22 HRB335 级钢筋 C35 混凝土框架梁中间跨下部筋计算 （单位：mm）

抗震等级	l_{aE}	直径	L_1	L_2	下料长度
一级抗震	31d	d≤25	左锚固值+中间净跨长+石锚固值	15d	L_1
二级抗震	31d				
三级抗震	28d				
四级抗震	27d				

表 3-23 HRB335 级钢筋≥C40 混凝土框架梁中间跨下部筋计算 （单位：mm）

抗震等级	l_{aE}	直径	L_1	L_2	下料长度
一级抗震	29d	d≤25	左锚固值+中间净跨长+石锚固值	15d	L_1
二级抗震	29d				
三级抗震	26d				
四级抗震	25d				

2. 算例

【例 3-5】 已知抗震等级为二级的框架楼层连续梁，选用 HRB400 级钢筋，直径 d = 24mm，C35 混凝土，中间净跨长度为 5m，左柱宽 450mm，右柱宽 550mm，求加工尺寸（即简图及其外皮尺寸）和下料长度尺寸。

表 3-24　HRB400 级钢筋 C30 混凝土框架梁中间跨下部筋计算　（单位：mm）

抗震等级	l_{aE}	直径	L_1	L_2	下料长度
一级抗震	40d	$d\leqslant 25$	左锚固值+中间净跨长度+右锚固值	15d	L_1
	45d	$d>25$			
二级抗震	40d	$d\leqslant 25$			
	45d	$d>25$			
三级抗震	37d	$d\leqslant 25$			
	41d	$d>25$			
四级抗震	35d	$d\leqslant 25$			
	39d	$d>25$			

表 3-25　HRB400 级钢筋 C35 混凝土框架梁中间跨下部筋计算　（单位：mm）

抗震等级	l_{aE}	直径	L_1	L_2	下料长度
一级抗震	37d	$d\leqslant 25$	左锚固值+中间净跨长度+右锚固值	15d	L_1
	40d	$d>25$			
二级抗震	37d	$d\leqslant 25$			
	40d	$d>25$			
三级抗震	34d	$d\leqslant 25$			
	37d	$d>25$			
四级抗震	32d	$d\leqslant 25$			
	35d	$d>25$			

表 3-26　HRB400 级钢筋≥C40 混凝土框架梁中间跨下部筋计算　（单位：mm）

抗震等级	l_{aE}	直径	L_1	L_2	下料长度
一级抗震	33d	$d\leqslant 25$	左锚固值+中间净跨长度+右锚固值	15d	L_1
	37d	$d>25$			
二级抗震	33d	$d\leqslant 25$			
	37d	$d>25$			
三级抗震	30d	$d\leqslant 25$			
	34d	$d>25$			
四级抗震	29d	$d\leqslant 25$			
	32d	$d>25$			

解：

参见表 3-25。

求 l_{aE}：

$l_{aE}=37d$

$=37\times 24\text{mm}$

$=888\text{mm}$

求左锚固值：

$0.5h_c+5d$

$=0.5\times450+5\times24$

$=(225+120)\text{mm}$

$=345\text{mm}$

345 与 888 比较，左锚固值 = 888mm

求右锚固值：

$0.5h_c+5d$

$=(0.5\times550+5\times24)\text{mm}$

$=(275+120)\text{mm}$

$=395\text{mm}$

395 与 888 比较，右锚固值 = 888mm

求 L_1（这里 L_1 = 下料长度）：

$L_1=(888+5000+888)\text{mm}$

$\quad=6776\text{mm}$

细节：边跨和中跨搭接架立筋的下料尺寸

1. 边跨搭接架立筋的下料尺寸计算原理

图 3-32 所示为架立筋与左右净跨长度、边净跨长度以及搭接长度的关系。

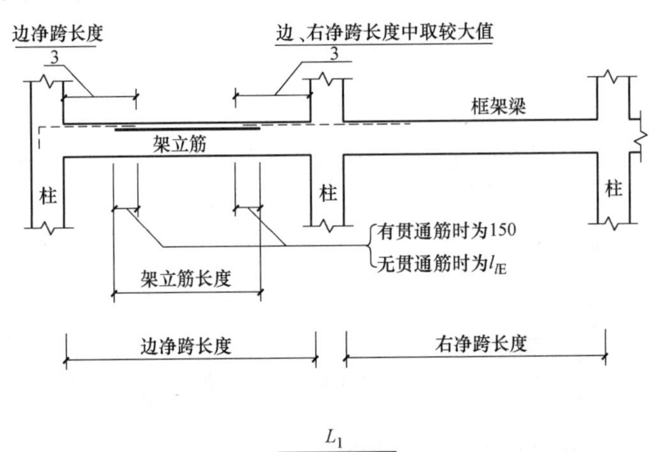

图 3-32 边跨架立筋搭接关系

计算时，首先需要知道与哪个钢筋搭接。边跨搭接架立筋是要与两根钢筋搭接：一端是与边跨上部一排直角筋的水平端搭接；另一端是与中间支座上部一排直筋搭接。搭接长度有规定，结构有贯通筋时为 150mm；无贯通筋时为 l_{lE}。考虑此架立筋是构造需要，建议 l_{lE} 按 $1.2l_{aE}$ 取值。

计算方法如下：

边净跨长度-（边净跨长度/3）-（左、右净跨长度中取较大值/3）+2（搭接长度）

2. 边跨搭接架立筋下料尺寸算例

【例 3-6】已知梁已有贯通筋，边净跨长度 6.5m，右净跨长度为 6m，求架立筋的长度。

解：

因为边净跨长度比左净跨长度大，所以

$$(6500-6500/3-6500/3+2\times150)\text{mm}\approx2467\text{mm}$$

3. 中跨搭接架立筋的下料尺寸计算

图 3-33 所示为中跨搭接架立筋与左、右净跨长度及中间跨净跨长度的关系。

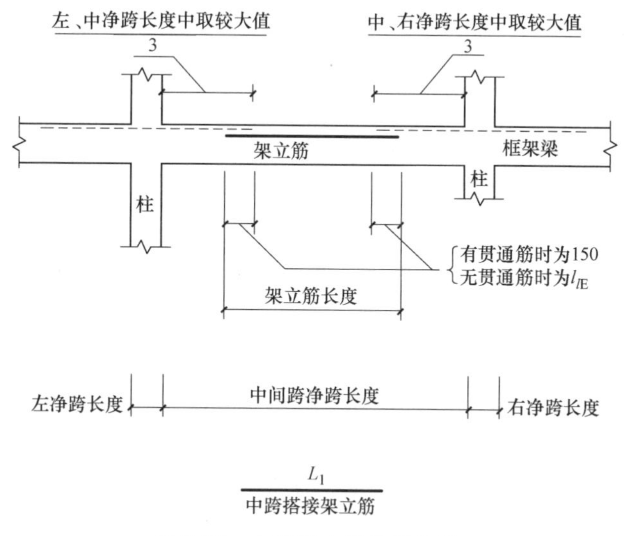

图 3-33　中跨架立筋搭接关系

中跨搭接架立筋的下料尺寸计算，与边跨搭接架立筋的下料尺寸计算基本相同。只是把边跨改成了中间跨而已。

细节：角部附加筋的加工下料尺寸计算

1. 角部附加筋的计算

角部附加筋是用在顶层屋面梁与边角柱的节点处，因此，它的加工弯曲半径 $R=6d$。如图 3-34 所示。

【例 3-7】 设 $d=20$mm，下料长度 = 300+300−外皮差值。外皮差值查表 3-2，为 3. 79d。

解：

下料长度 =（300+300−3. 79×20）mm

=（600−3. 79×20）mm

≈524mm

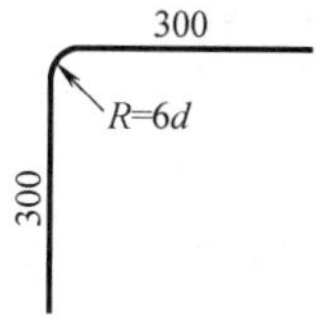

图 3-34　弯曲半径详图

2. 其余钢筋的计算

下部贯通筋和侧面纵向抗扭钢筋的加工、下料尺寸，计算方法同上部贯通筋。梁侧面纵向构造钢筋，属于不需计算的，伸至梁端（前 30mm）即可。

第 4 章　柱钢筋翻样与下料

细节：柱构件列表注写方式

柱构件列表注写方式，系在柱平面布置图上（一般只需采用适当比例绘制一张柱平面布置图，包括框架柱、框支柱、梁上柱和剪力墙上柱），分别在同一编号的柱中选择一个（有时需要选择几个）截面标注几何参数代号；在柱表中注写柱编号、柱段起止标高、几何尺寸（含柱截面对轴线的偏心情况）与配筋的具体数值，并配以各种柱截面形状及其箍筋类型图的方式，来表达柱平法施工图。

柱列表注写方式与识图如图 4-1 所示。

如图 4-1 所示，阅读列表注写方式表达的柱构件，要从 4 个方面结合和对应起来阅读，一是柱平面图，二是层高与标高表，三是箍筋类型表，四是柱列表。

细节：柱截面注写方式及识图方法

柱构件截面注写方式，系在柱平面布置图的柱截面上，分别在同一编号的柱中选择一个截面，以直接注写截面尺寸和配筋具体数值的方式来表达柱平法施工图。

柱截面注写方式表示方法与识图如图 4-2 所示。

如图 4-2 所示，柱截面注写方式的识图，从两个方面对照阅读，一是柱平面图，二是层高标高表。

细节：柱列表注写方式与截面注写方式的区别

为了方便理解，将柱列表注写方式与截面注写方式的区别稍作整理，见表 4-1，可以看出，截面注写方式不再单独注写箍筋类型图及柱列表，而是用直接在柱平面图上的截面注写，仅包括列表注写中箍筋类型图及柱列表的内容。

表 4-1　柱列表注写方式与截面注写方式的区别

<table>
<tr><th>项　　目</th><th>列表注写方式</th><th>截面注写方式</th></tr>
<tr><td>一</td><td>柱平面图</td><td>柱平面图+截面注写</td></tr>
<tr><td>二</td><td>层高与标高表</td><td>层高与标高表</td></tr>
<tr><td>三</td><td>箍筋类型表</td><td rowspan="2">—</td></tr>
<tr><td>四</td><td>柱列表</td></tr>
</table>

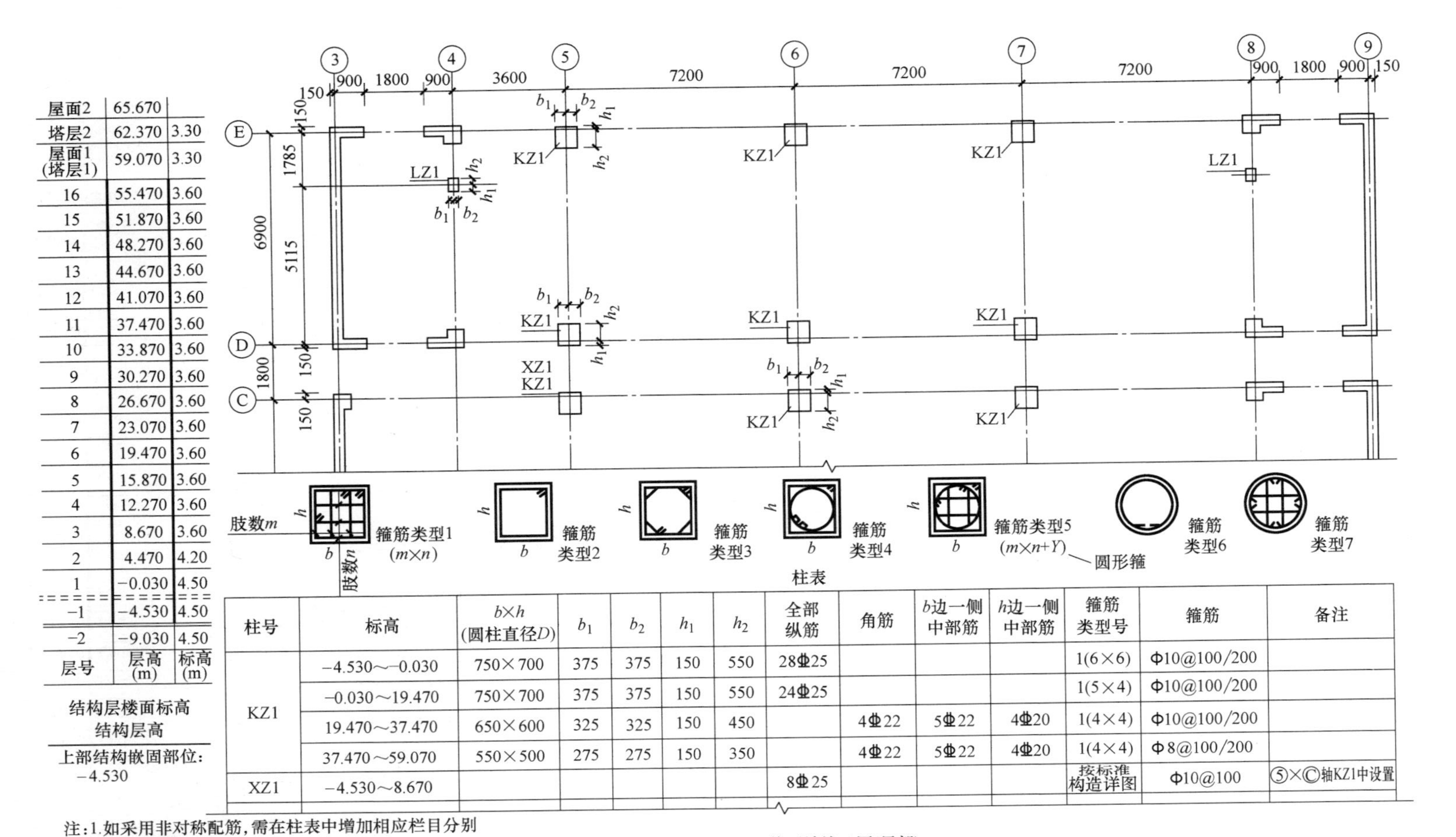

层号	标高(m)	层高(m)
屋面2	65.670	
塔层2	62.370	3.30
屋面1(塔层1)	59.070	3.30
16	55.470	3.60
15	51.870	3.60
14	48.270	3.60
13	44.670	3.60
12	41.070	3.60
11	37.470	3.60
10	33.870	3.60
9	30.270	3.60
8	26.670	3.60
7	23.070	3.60
6	19.470	3.60
5	15.870	3.60
4	12.270	3.60
3	8.670	3.60
2	4.470	4.20
1	-0.030	4.50
-1	-4.530	4.50
-2	-9.030	4.50

结构层楼面标高
结构层高

上部结构嵌固部位：
-4.530

柱表

柱号	标高	b×h(圆柱直径D)	b_1	b_2	h_1	h_2	全部纵筋	角筋	b边一侧中部筋	h边一侧中部筋	箍筋类型号	箍筋	备注
KZ1	-4.530～-0.030	750×700	375	375	150	550	28Φ25				1(6×6)	Φ10@100/200	
	-0.030～19.470	750×700	375	375	150	550	24Φ25				1(5×4)	Φ10@100/200	
	19.470～37.470	650×600	325	325	150	450		4Φ22	5Φ22	4Φ20	1(4×4)	Φ10@100/200	
	37.470～59.070	550×500	275	275	150	350		4Φ22	5Φ22	4Φ20	1(4×4)	Φ8@100/200	
XZ1	-4.530～8.670						8Φ25				按标准构造详图	Φ10@100	⑤×Ⓒ轴KZ1中设置

注：1.如采用非对称配筋，需在柱表中增加相应栏目分别表示各边的中部筋。
2.箍筋对纵筋至少隔一拉一。
3.类型1、5的箍筋肢数可有多种组合，右图为5×4的组合，其余类型为固定形式，在表中只注类型号即可。
4.地下一层(-1层)、首层(1层)柱端箍筋加密区长度范围及纵筋连接位置均按嵌固部位要求设置。

图 4-1　柱平法施工图列表注写方式示例

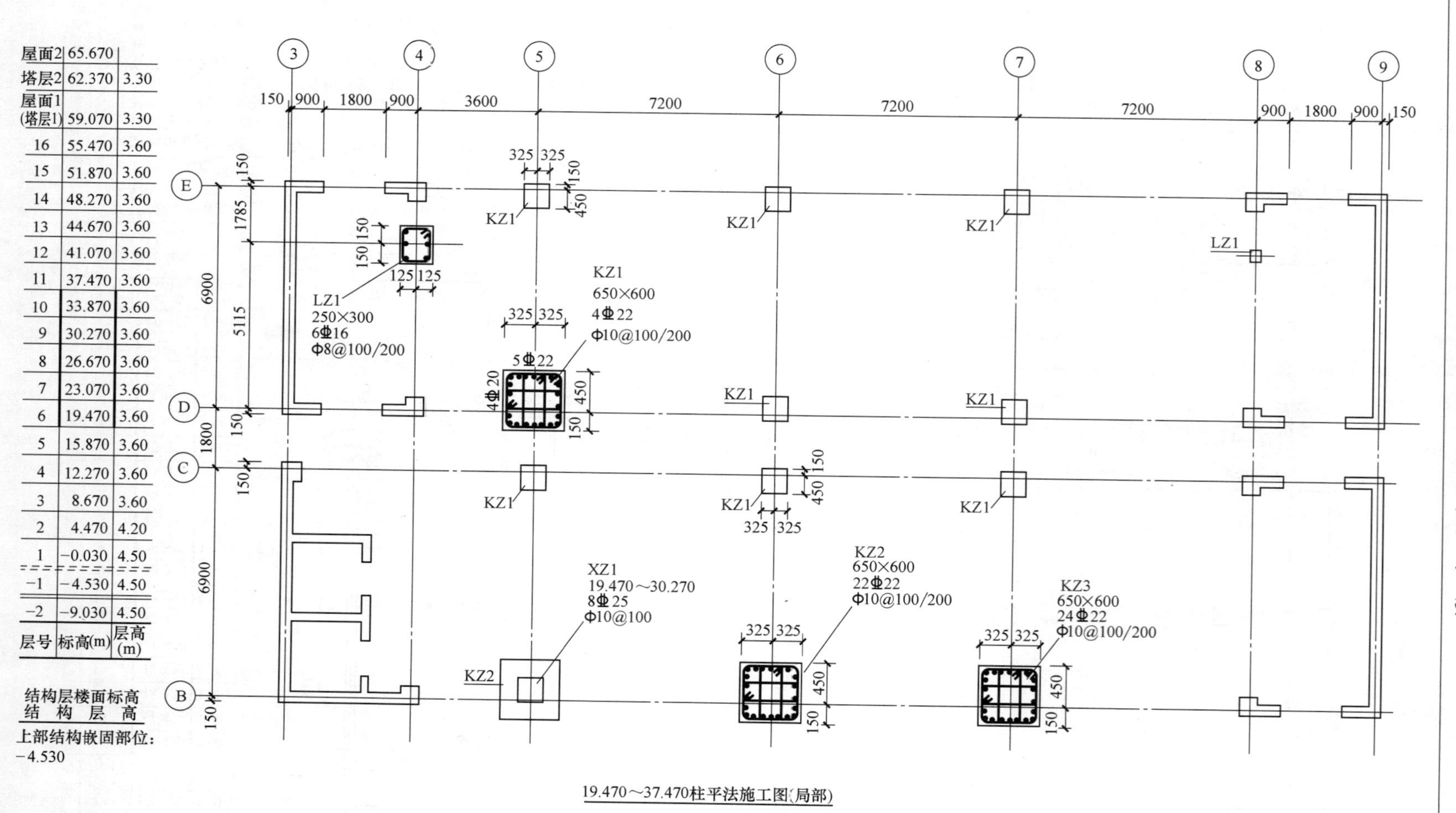

层号	标高(m)	层高(m)
屋面2	65.670	
塔层2	62.370	3.30
屋面1(塔层1)	59.070	3.30
16	55.470	3.60
15	51.870	3.60
14	48.270	3.60
13	44.670	3.60
12	41.070	3.60
11	37.470	3.60
10	33.870	3.60
9	30.270	3.60
8	26.670	3.60
7	23.070	3.60
6	19.470	3.60
5	15.870	3.60
4	12.270	3.60
3	8.670	3.60
2	4.470	4.20
1	−0.030	4.50
−1	−4.530	4.50
−2	−9.030	4.50

结构层楼面标高
结构层高

上部结构嵌固部位：
−4.530

19.470~37.470柱平法施工图(局部)

图4-2 柱平法施工图截面注写方式示例

细节：梁上柱插筋翻样

梁上柱插筋可分为三种构造形式：绑扎搭接、机械连接、焊接连接，如图 4-3 所示。

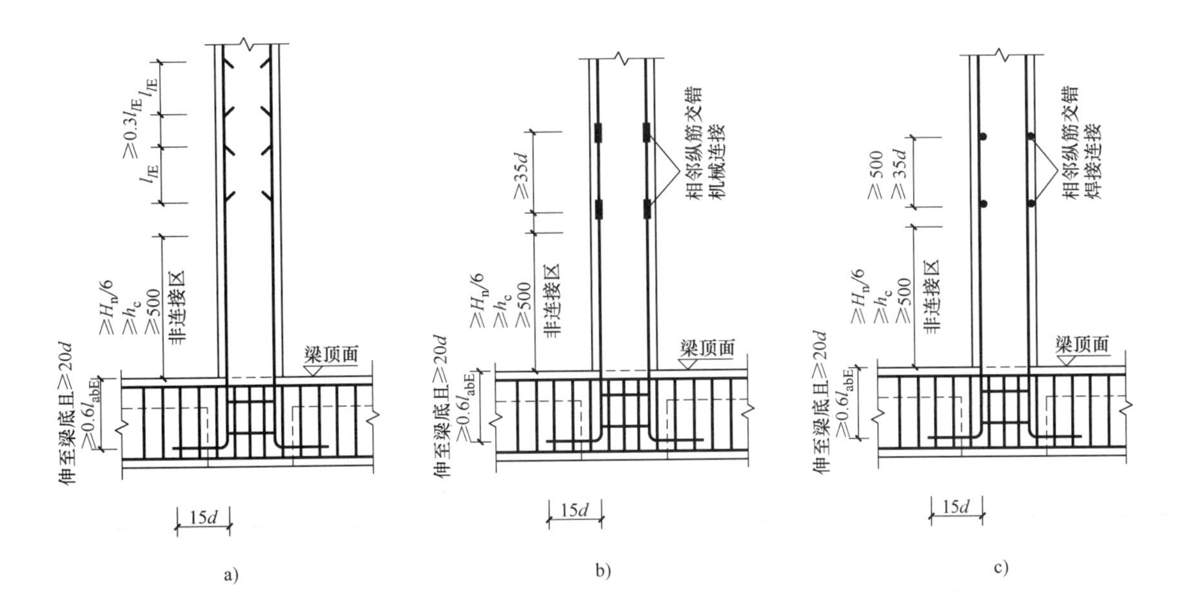

图 4-3　梁上柱插筋构造

a）绑扎搭接　b）机械连接　c）焊接连接

1. 绑扎搭接

梁上柱长插筋长度 = 梁高度 − 梁保护层厚度 − Σ[梁底部钢筋直径 + $\max(25,d)$] + $12d$ + $\max(H_n/6,500,h_c)$ + $2.3l_{lE}$

梁上柱短插筋长度 = 梁高度 − 梁保护层厚度 − Σ[梁底部钢筋直径 + $\max(25,d)$] + $12d$ + $\max(H_n/6,500,h_c)$ + l_{lE}

2. 机械连接

梁上柱长插筋长度 = 梁高度 − 梁保护层厚度 − Σ[梁底部钢筋直径 + $\max(25,d)$] + $12d$ + $\max(H_n/6,500,h_c)$ + $35d$

梁上柱短插筋长度 = 梁高度 − 梁保护层厚度 − Σ[梁底部钢筋直径 + $\max(25,d)$] + $12d$ + $\max(H_n/6,500,h_c)$

3. 焊接连接

梁上柱长插筋长度 = 梁高度 − 梁保护层厚度 − Σ[梁底部钢筋直径 + $\max(25,d)$] + $12d$ + $\max(H_n/6,500,h_c)$ + $\max(35d,500)$

梁上柱短插筋长度 = 梁高度 − 梁保护层厚度 − Σ[梁底部钢筋直径 + $\max(25,d)$] + $12d$ + $\max(H_n/6,500,h_c)$

细节：墙上柱插筋翻样

墙上柱插筋可分为三种构造形式：绑扎搭接、机械连接、焊接连接，如图4-4所示。

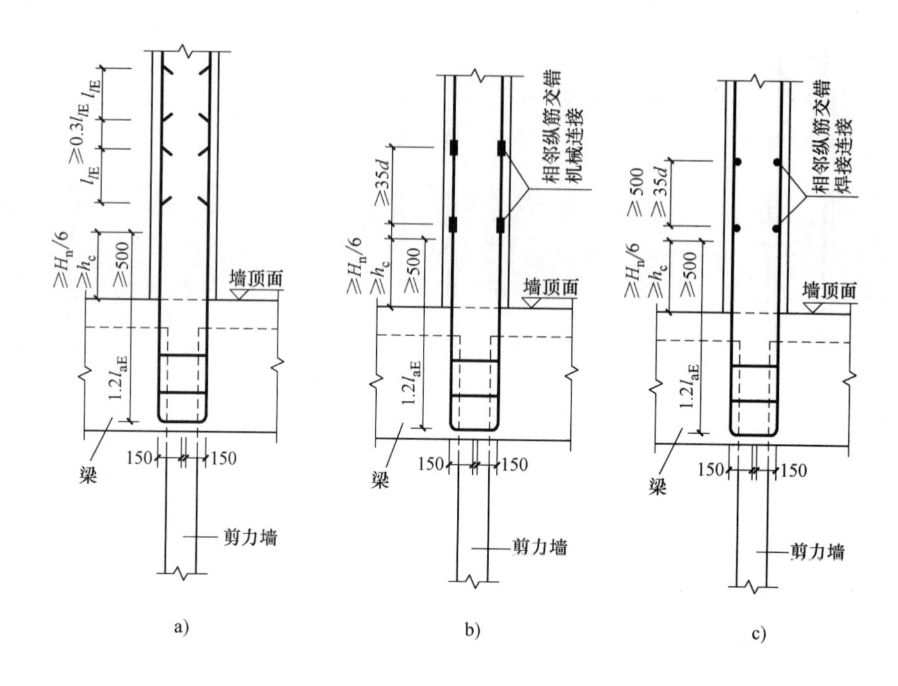

图4-4　墙上柱插筋构造
a）绑扎搭接　b）机械连接　c）焊接连接

1. 绑扎搭接

墙上柱长插筋长度 $=1.2l_{aE}+\max(H_n/6,500,h_c)+2.3l_{lE}+$ 弯折（$h_c/2-$保护层厚度$+2.5d$）

2. 机械连接

墙上柱长插筋长度 $=1.2l_{aE}+\max(H_n/6,500,h_c)+35d+$ 弯折（$h_c/2-$保护层厚度$+2.5d$）

墙上柱短插筋长度 $=1.2l_{aE}+\max(H_n/6,500,h_c)+$ 弯折（$h_c/2-$保护层厚度$+2.5d$）

3. 焊接连接

墙上柱长插筋长度 $=1.2l_{aE}+\max(H_n/6,500,h_c)+\max(35d,500)+$ 弯折（$h_c/2-$保护层厚度$+2.5d$）

墙上柱短插筋长度 $=1.2l_{aE}+\max(H_n/6,500,h_c)+$ 弯折（$h_c/2-$保护层厚度$+2.5d$）

细节：顶层中柱钢筋翻样

1. 顶层弯锚

(1) 绑扎搭接如图 4-5 所示。

顶层中柱长筋长度=顶层高度-保护层厚度-max($2H_n/6$,500,h_c)+$12d$

顶层中柱短筋长度=顶层高度-保护层厚度-max($2H_n/6$,500,h_c)-$1.3l_{lE}$+$12d$

(2) 机械连接如图 4-6 所示。

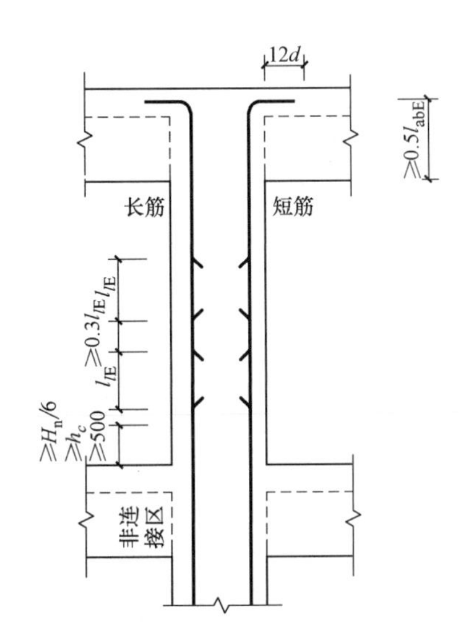

图 4-5　顶层中间框架柱构造（绑扎搭接）

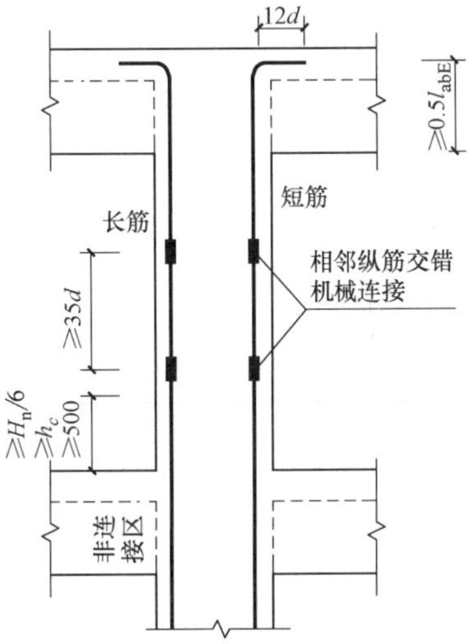

图 4-6　顶层中间框架柱构造（机械连接）

顶层中柱长筋长度=顶层高度-保护层厚度-max($2H_n/6$,500,h_c)+$12d$

顶层中柱短筋长度=顶层高度-保护层厚度-max($2H_n/6$,500,h_c)-500+$12d$

(3) 焊接连接如图 4-7 所示。

顶层中柱长筋长度=顶层高度-保护层厚度-max($2H_n/6$,500,h_c)+$12d$

顶层中柱短筋长度=顶层高度-保护层厚度-max($2H_n/6$,500,h_c)-max($35d$,500)+$12d$

2. 顶层直锚

(1) 绑扎搭接如图 4-8 所示。

顶层中柱长筋长度=顶层高度-保护层厚度-max($2H_n/6$,500,h_c)

顶层中柱短筋长度=顶层高度-保护层厚度-max($2H_n/6$,500,h_c)-$1.3l_{lE}$

(2) 机械连接如图 4-9 所示。

顶层中柱长筋长度=顶层高度-保护层厚度-max($2H_n/6$,500,h_c)

顶层中柱短筋长度=顶层高度-保护层厚度-max($2H_n/6$,500,h_c)-500

(3) 焊接连接如图 4-10 所示。

顶层中柱长筋长度=顶层高度-保护层厚度-max($2H_n/6$,500,h_c)

顶层中柱短筋长度=顶层高度-保护层厚度-max($2H_n/6$,500,h_c)-max($35d$,500)

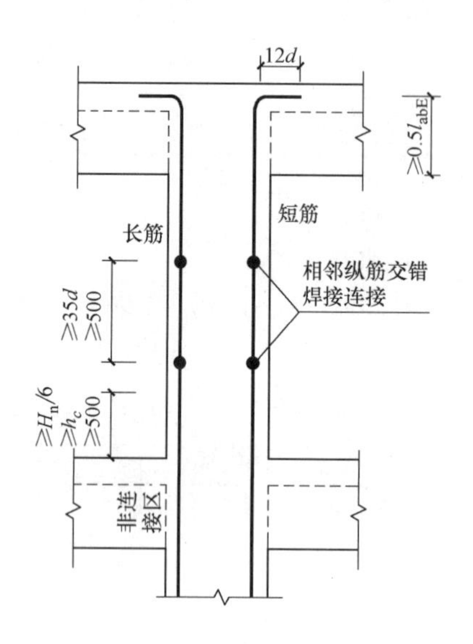

图 4-7 顶层中间框架柱构造（焊接连接）

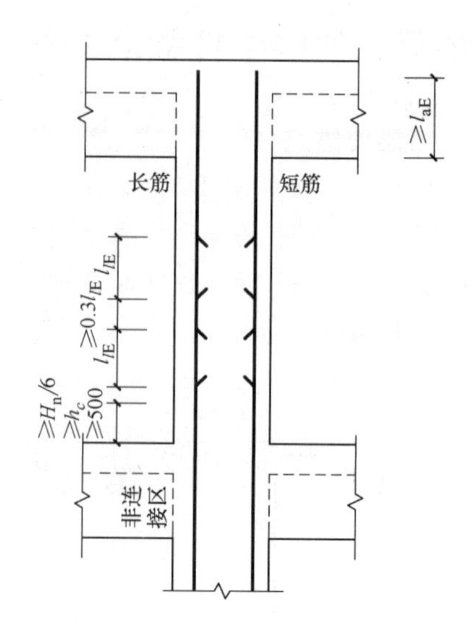

图 4-8 顶层中间框架柱构造（绑扎搭接）

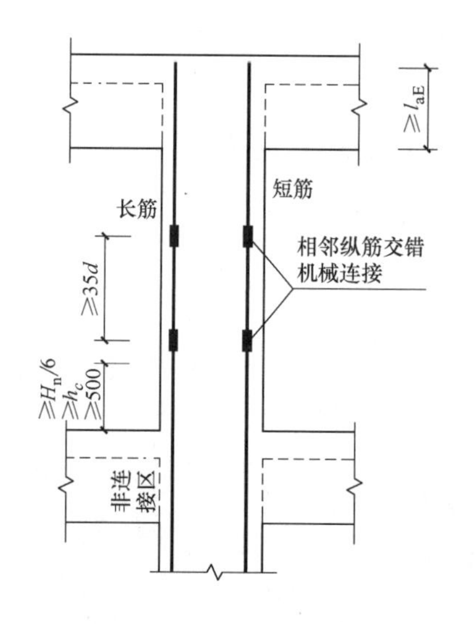

图 4-9 顶层中间框架柱构造（机械连接）

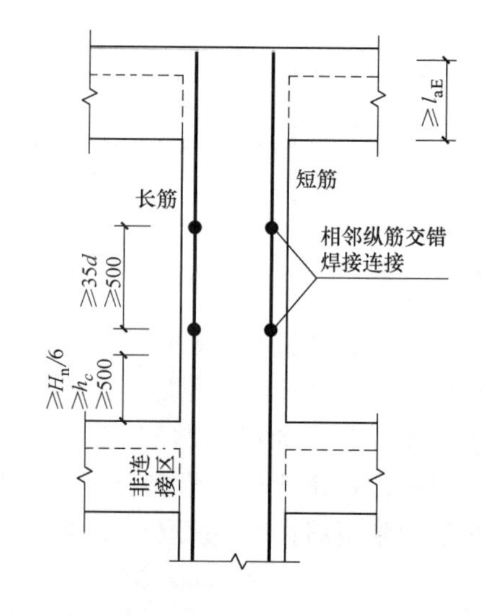

图 4-10 顶层中间框架柱构造（焊接连接）

细节：转换柱钢筋翻样

转换柱纵向钢筋宜采用机械连接，如图 4-11 所示。

转换柱与上层剪力墙重合部分延伸至上层剪力墙楼板顶。其余纵筋在本层弯折锚固，弯折长度自转换柱边缘算起，弯入框支梁或楼层板内不小于 l_{aE}。

转换柱本层截断长筋长度 = 本层层高 − max(H_n/6, 500, h_c) + l_{aE}

转换柱本层截断短筋长度 = 本层层高 − max(H_n/6, 500, h_c) − 35d + l_{aE}

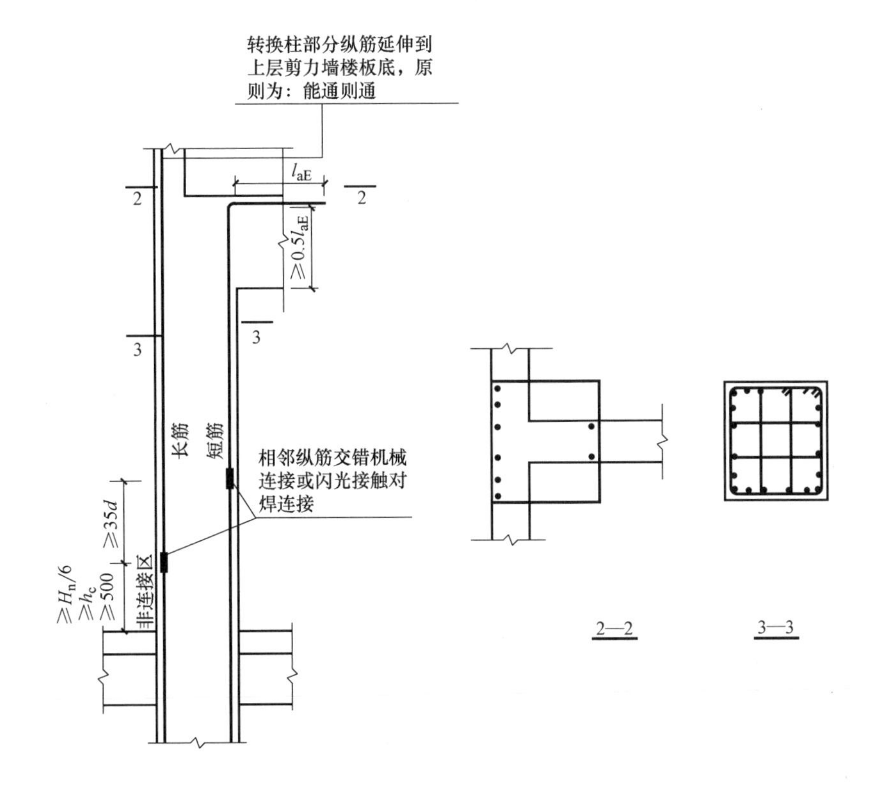

图 4-11　转换柱纵向钢筋构造（机械连接）

转换柱上层截断长筋长度 = 上层层高 $-\max(H_n/6, 500, h_c)$

转换柱上层截断短筋长度 = 上层层高 $-\max(H_n/6, 500, h_c)-35d$

细节：柱纵筋变化钢筋翻样

1. 上柱钢筋比下柱钢筋多（图 4-12）

多出的钢筋需要插筋，其他钢筋同是中间层。

短插筋 $=\max(H_n/6, 500, h_c)+l_{lE}+1.2l_{aE}$

长插筋 $=\max(H_n/6, 500, h_c)+2.3l_{lE}+1.2l_{aE}$

2. 下柱钢筋比上柱钢筋多（图 4-13）

下柱多出的钢筋在上层锚固，其他钢筋同是中间层。

短插筋 = 下层层高 $-\max(H_n/6, 500, h_c)-$ 梁高 $+1.2l_{aE}$

长插筋 = 下层层高 $-\max(H_n/6, 500, h_c)-1.3l_{lE}-$ 梁高 $+1.2l_{aE}$

3. 上柱钢筋直径比下柱钢筋直径大（图 4-14）

（1）绑扎搭接

下层柱纵筋长度 = 下层第一层层高 $-\max(H_{n1}/6, 500, h_c)+$ 下柱第二层层高 $-$ 梁高 $-\max(H_{n2}/6, 500, h_c)-1.3l_{lE}$

上柱纵筋插筋长度 $=2.3l_{lE}+\max(H_{n2}/6, 500, h_c)+\max(H_{n3}/6, 500, h_c)+l_{lE}$

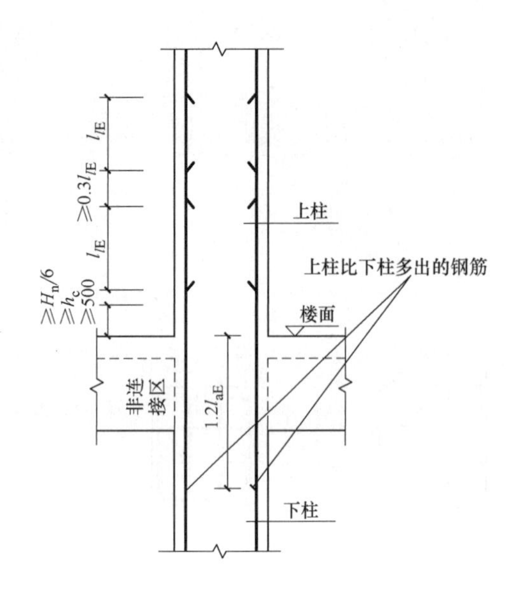

图 4-12　上柱钢筋比下柱钢筋多（绑扎搭接）

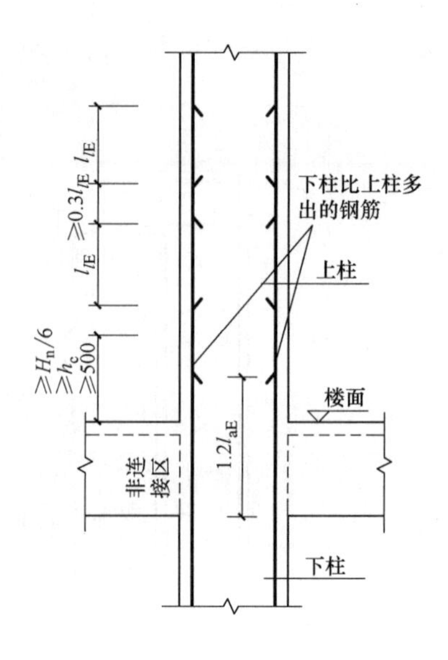

图 4-13　下柱钢筋比上柱钢筋多（绑扎搭接）

上层柱纵筋长度 = l_{lE} + max（H_{n4}/6，500，h_c）+ 本层层高 + 梁高 + max（H_{n2}/6，500，h_c）+2.3l_{lE}

（2）机械连接

下层柱纵筋长度 = 下层第一层层高 − max（H_{n1}/6，500，h_c）+ 下柱第二层层高 − 梁高 − max（H_{n2}/6，500，h_c）

上柱纵筋插筋长度 = max（H_{n2}/6，500，h_c）+ max（H_{n3}/6，500，h_c）+500

上层柱纵筋长度 = max（H_{n4}/6，500，h_c）+500+ 本层层高 + 梁高 + max（H_{n2}/6，500，h_c）

（3）焊接连接

下层柱纵筋长度 = 下层第一层层高 − max（H_{n1}/6，500，h_c）+ 下柱第二层层高 − 梁高 − max（H_{n2}/6，500，h_c）

上柱纵筋插筋长度 = max（H_{n2}/6，500，h_c）+ max（H_{n3}/6，500，h_c）+ max（35d，500）

上层柱纵筋长度 = max（H_{n4}/6，500，h_c）+ max（35d，500）+ 本层层高 + 梁高 + max（H_{n2}/6，500，h_c）

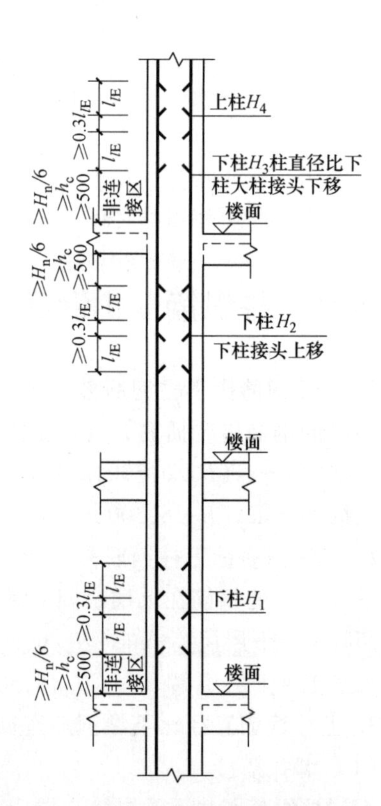

图 4-14　上柱钢筋直径比下柱钢筋直径大（绑扎搭接）

细节：中柱顶筋的加工下料尺寸计算

各种柱的顶筋，都弯成直角（弯曲半径见表 3-2），分有水平部分和竖直部分。而且，除了尺寸计算以外，筋的摆放，从立体图中也可以得到启示。

1. 中柱顶筋的类别和数量

表 4-2 给出了中柱截面中各种加工类型钢筋的计算。如图 4-15 所示。

表 4-2　中柱顶筋类别及其数量

	长角部向梁筋	短角部向梁筋	长中部向梁筋	短中部向梁筋
i 为偶数，j 为偶数	2	2	$i+j-4$	$i+j-4$
i 为奇数，j 为偶数				
i 为偶数，j 为奇数				
i 为奇数，j 为奇数	4	0	$i+j-6$	$i+j-2$

柱截面中的钢筋数 $=2\times(i+j)-4$

上式适用于中柱、边柱和角柱中的钢筋数量计算。

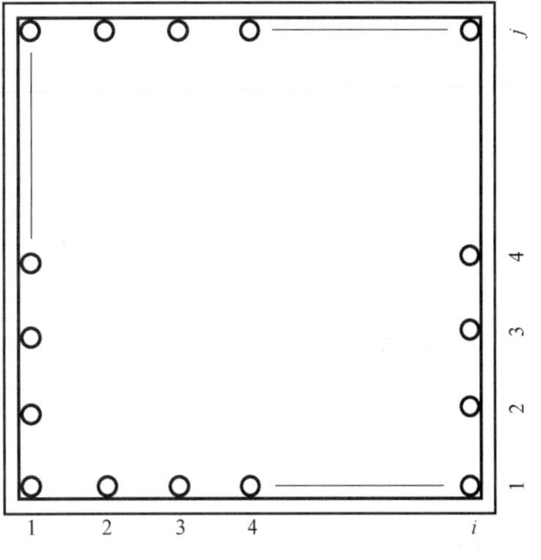

图 4-15　顶筋摆放

【例 4-1】 已知中柱截面中钢筋分布为：$i=6$；$j=6$。

求中柱截面中钢筋根数及长角部向梁筋、短角部向梁筋、长中部向梁筋和短中部向梁筋各为多少？

解：

1）中柱截面中钢筋根数 $=2\times(i+j)-4=[2\times(6+6)-4]$ 根 $=20$ 根

2）长角部向梁筋 = 2 根

3）短角部向梁筋 = 2 根

4）长中部向梁筋 $=i+j-4=8$ 根

5）短中部向梁筋 $=i+j-4=8$ 根

验算：

长角部向梁筋 + 短角部向梁筋 + 长中部向梁筋 + 短中部向梁筋 = （2+2+8+8）根 = 20 根

正确无误。

2. 中柱顶筋计算

从中柱的两个剖面方向看，都是向梁筋。现在把向梁筋的计算公式列在下面。在图 4-16 的算式中，有“max｛　｝”符号，意思是从｛　｝内选出它们中的最大值。

【例 4-2】 已知：三级抗震楼层中柱，钢筋 $d=22$mm；混凝土 C30；梁高 800mm；梁保护层 20mm；柱净高 2500mm；柱宽 450mm。

求：向梁筋的长 L_1、短 L_1 和 L_2 的加工、下料尺寸。

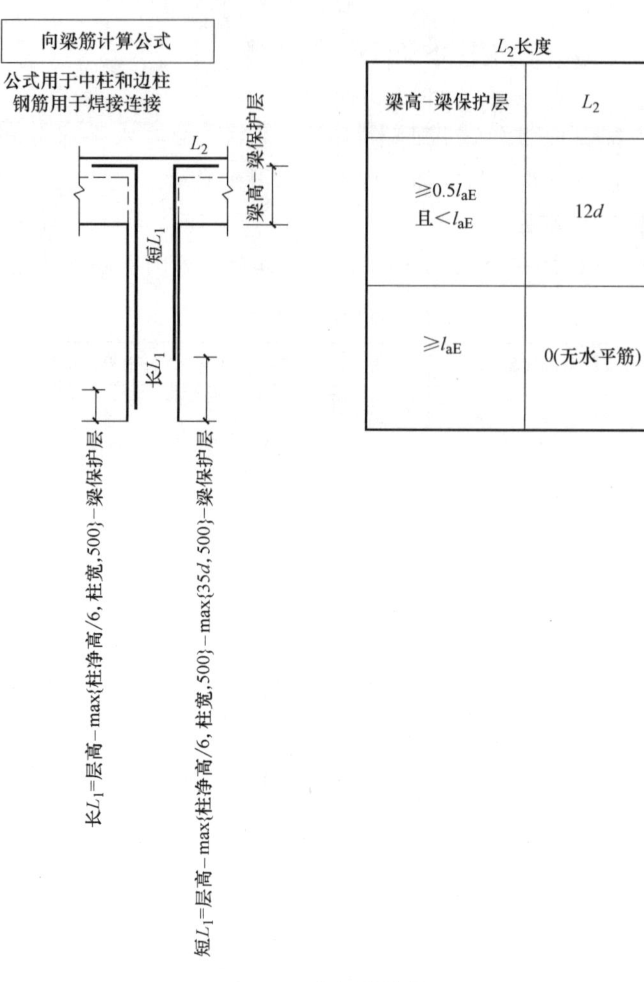

梁高−梁保护层	L_2
$\geqslant 0.5l_{aE}$ 且$< l_{aE}$	$12d$
$\geqslant l_{aE}$	0(无水平筋)

图 4-16　向梁筋计算

解：

长 L_1 = 层高 − max{柱净高/6，柱宽，500} − 梁保护层

　　= 2500+800−max{2500/6，450，500}−20

　　= (3300−500−20)mm

　　= 2780mm

短 L_1 = 层高 − max{柱净高/6，柱宽，500} − max{35d，500} − 梁保护层

　　= 2500+800−max{2500/6，450，500}−max{770，500}−20

　　= (3300−500−770−20)mm

　　= 2010mm

梁高-梁保护层

= (800−20)mm

= 780mm

三级抗震，d = 22mm，C30 时，$l_{aE} = 30d = 660\text{mm}$

∵（梁高-梁保护层）$\geqslant l_{aE}$

$\therefore L_2=0$

无须弯有水平段的筋 L_2。因此，长 L_1、短 L_1的下料长度分别等于自身。

细节：边柱顶筋的加工下料尺寸计算

1. 边柱顶筋的类别和数量

表 4-3 给出了边柱截面边各种加工类型钢筋的计算。

表 4-3　边柱顶筋类别及其数量

	长角部向梁筋	短角部向梁筋	长中部向梁筋	短中部向梁筋	长中部远梁筋	短中部远梁筋	长中部向边筋	短中部向边筋
i 为偶数 j 为偶数	2	2	$j-2$	$j-2$	$(i-2)/2$	$(i-2)/2$	$(i-2)/2$	$(i-2)/2$
i 为奇数 j 为偶数	2	2	$j-2$	$j-2$	$(i-3)/2$	$(i-1)/2$	$(i-1)/2$	$(i-3)/2$
i 为偶数 j 为奇数	2	2	$j-2$	$j-2$	$(i-2)/2$	$(i-2)/2$	$(i-2)/2$	$(i-2)/2$
i 为奇数 j 为奇数	4	0	$j-3$	$j-1$	$(i-3)/2$	$(i-1)/2$	$(i-3)/2$	$(i-1)/2$

【**例 4-3**】已知边柱截面中钢筋分布为：$i=4$；$j=7$。

求边柱截面中钢筋根数及长角部向梁筋、短角部向梁筋、长中部向梁筋、短中部向梁筋、长中部远梁筋、短中部远梁筋、长中部向边筋和短中部向边筋各为多少？

解：

1）边柱截面中钢筋根数

$=2\times(i+j)-4$

$=[2\times(4+7)-4]$根

$=18$ 根

2）长角部向梁筋 = 2 根

3）短角部向梁筋 = 2 根

4）长中部向梁筋 $=j-2=5$ 根

5）短中部向梁筋 $=j-2=5$ 根

6）长中部远梁筋 $=(i-2)/2=[(4-2)/2]$根 $=1$ 根

7）短中部远梁筋 $=(i-2)/2=[(4-2)/2]$根 $=1$ 根

8）长中部向边筋 $=(i-2)/2=[(4-2)/2]$根 $=1$ 根

9）短中部向边筋 $=(i-2)/2=[(4-2)/2]$根 $=1$ 根

验算：

长角部向梁筋+短角部向梁筋+长中部向梁筋+短中部向梁筋+长中部远梁筋+短中部远梁

筋+长中部向边筋+短中部向边筋

=(2+2+5+5+1+1+1+1)根

=18 根

正确无误。

2. 边柱顶筋计算

边柱顶筋与中柱相比，除了向梁筋计算相同外，还有远梁筋和向边筋。加上各有长、短之分，共有六种加工尺寸之分。

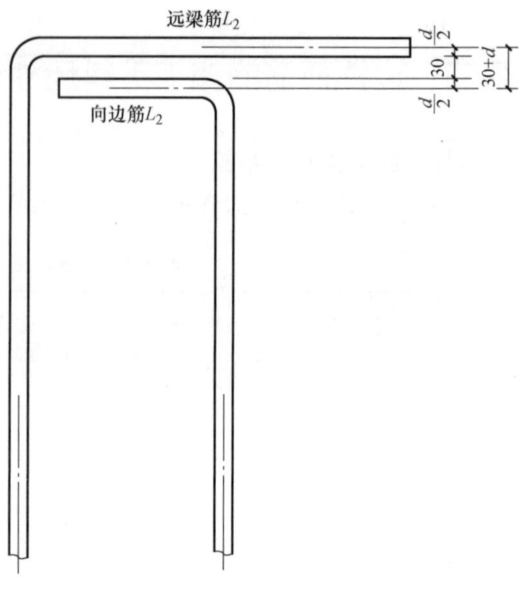

图 4-17　向梁筋计算

向梁筋的计算方法和中柱里的向梁筋是一样的。另外，远梁筋的 L_1 与向梁筋的 L_1，也是一样的。向边筋的 L_2，比远梁筋的 L_2 低一排（即低 d+30），因此，向边筋的 L_2，要短 d+30，如图 4-17 所示。

由图 4-17 中还可看到远梁筋与向边筋是相向弯折的。图 4-18 为边柱远梁筋示意图及计算公式，图 4-19 为边柱中的向边筋示意图及其计算公式。再强调一下，钢筋类别数量，是指钢筋安放部位来说的。钢筋加工种类是按加工尺寸形状来区分的。比如说，边柱的钢筋类别数量是八个，即：长角部向梁筋、短角部向梁筋、长中部向梁筋、短中部向梁筋、长中部远梁筋、短中部远梁筋、长中部向边筋和短中部向边筋。如按加工尺寸形状来区分，即：长向梁筋、短向梁筋、长远梁筋、短远梁筋、长向边筋和短向边筋。也就是说，钢筋加工时，按这六种尺寸加工就行了。

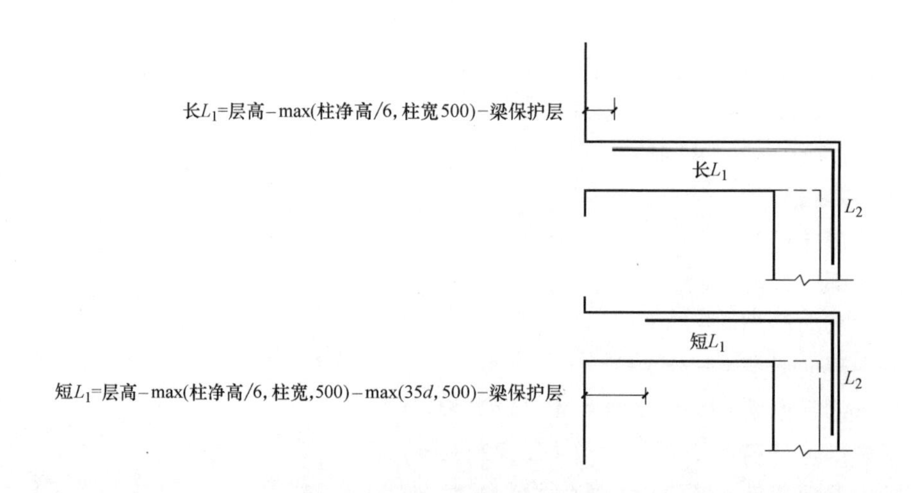

图 4-18　边柱远梁筋计算

注：1. 本公式用于边柱远梁筋角柱远梁筋一排。

2. 钢筋用于焊接连接。

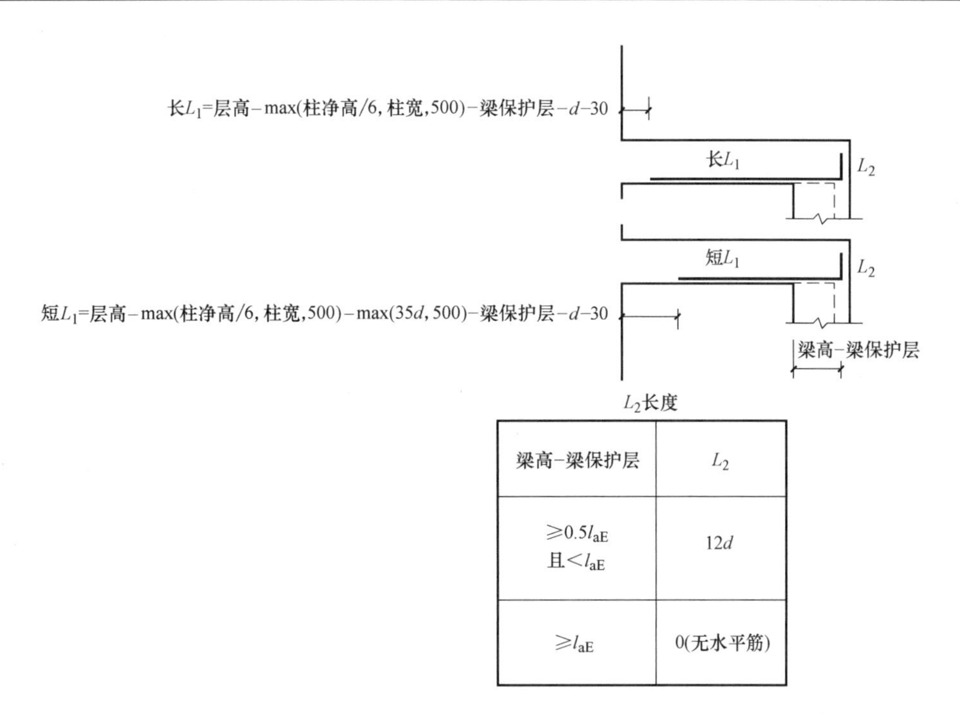

梁高−梁保护层	L_2
$\geq 0.5l_{aE}$ 且$< l_{aE}$	$12d$
$\geq l_{aE}$	0(无水平筋)

图 4-19　边柱向边筋计算

注：1. 本公式只用于边柱。

2. 钢筋用于焊接连接。

细节：角柱顶筋的加工下料尺寸计算

1. 角柱顶筋的类别和数量

表 4-4 给出了角柱截面的各种加工类型钢筋数量的计算。

表 4-4　角柱顶筋类别和数量

	长角部远梁筋(一排)	短角部远梁筋(一排)	长中部远梁筋(一排)	短中部远梁筋(一排)	长中部远梁筋(二排)	短中部远梁筋(二排)	长角部远梁筋(二排)	短角部远梁筋(二排)	长角部向边筋(三排)	短角部向边筋(三排)	长中部向边筋(三排)	短中部向边筋(三排)	长中部向边筋(四排)	短中部向边筋(四排)
i为偶数 j为偶数	1	1	$\frac{j}{2}-1$	$\frac{j}{2}-1$	$\frac{i}{2}-1$	$\frac{i}{2}-1$	0	1	1	0	$\frac{j}{2}-1$	$\frac{j}{2}-1$	$\frac{i}{2}-1$	$\frac{i}{2}-1$
i为奇数 j为偶数	2	0	$\frac{j}{2}-\frac{3}{2}$	$\frac{j}{2}-\frac{1}{2}$	$\frac{i}{2}-1$	$\frac{i}{2}-1$	0	1	0	1	$\frac{j}{2}-\frac{1}{2}$	$\frac{j}{2}-\frac{3}{2}$	$\frac{i}{2}-1$	$\frac{i}{2}-1$
i为偶数 j为奇数	1	1	$\frac{j}{2}-1$	$\frac{j}{2}-1$	$\frac{i}{2}-\frac{3}{2}$	$\frac{i}{2}-\frac{1}{2}$	1	0	0	1	$\frac{j}{2}-1$	$\frac{j}{2}-1$	$\frac{i}{2}-\frac{1}{2}$	$\frac{i}{2}-\frac{3}{2}$
i为奇数 j为奇数	2	0	$\frac{j}{2}-\frac{3}{2}$	$\frac{j}{2}-\frac{1}{2}$	$\frac{i}{2}-\frac{3}{2}$	$\frac{i}{2}-\frac{1}{2}$	1	0	1	0	$\frac{j}{2}-\frac{3}{2}$	$\frac{j}{2}-\frac{1}{2}$	$\frac{i}{2}-\frac{3}{2}$	$\frac{i}{2}-\frac{1}{2}$

【例 4-4】 已知角柱截面中钢筋分布为：$i=6$；$j=6$。

求角柱截面中钢筋根数及长角部远梁筋（一排）、短角部远梁筋（一排）、长中部远梁筋（一排）、短中部远梁筋（一排）、长中部远梁筋（二排）、短中部远梁筋（二排）、长角部远梁筋（二排）、短角部远梁筋（二排）、长角部向边筋（三排）、短角部向边筋（三排）、长中部向边筋（三排）、短中部向边筋（三排）、长中部向边筋（四排）、短中部向边筋（四排）各为多少？

解：

（1）角柱截面中钢筋根数 $=2\times(i+j)-4=[2\times(6+6)-4]$ 根 $=20$ 根

（2）长角部远梁筋(一排)＝1 根

（3）短角部远梁筋(一排)＝1 根

（4）长中部远梁筋(一排)＝$j/2-1=2$ 根

（5）短中部远梁筋(一排)＝$j/2-1=2$ 根

（6）长中部远梁筋(二排)＝$i/2-1=2$ 根

（7）短中部远梁筋(二排)＝$i/2-1=2$ 根

（8）长角部远梁筋(二排)＝0 根

（9）短角部远梁筋(二排)＝1 根

（10）长角部向边筋(三排)＝1 根

（11）短角部向边筋(三排)＝0 根

（12）长中部向边筋(三排)＝$j/2-1=2$ 根

（13）短中部向边筋(三排)＝$j/2-1=2$ 根

（14）长中部向边筋(四排)＝$i/2-1=2$ 根

（15）短中部向边筋(四排)＝$i/2-1=2$ 根

验算：

长角部远梁筋(一排)+短角部远梁筋(一排)+长中部远梁筋(一排)+短中部远梁筋(一排)+长中部远梁筋(二排)+短中部远梁筋(二排)+长角部远梁筋(二排)+短角部远梁筋(二排)+长角部向边筋(三排)+短角部向边筋(三排)+长中部向边筋(三排)+短中部向边筋(三排)+长中部向边筋(四排)+短中部向边筋(四排)＝(1+1+2+2+2+2+0+1+1+0+2+2+2+2)根＝20 根

正确无误。

2. 角柱顶筋计算

角柱顶筋中没有向梁筋。角柱顶筋中的远梁筋一排，可以利用边柱远梁筋的公式来计算。

角柱顶筋中的弯筋，分为四层，因而，二、三、四排筋要分别缩短，如图 4-20 所示。

角柱顶筋中的远梁筋二排计算公式，如图 4-21 所示。

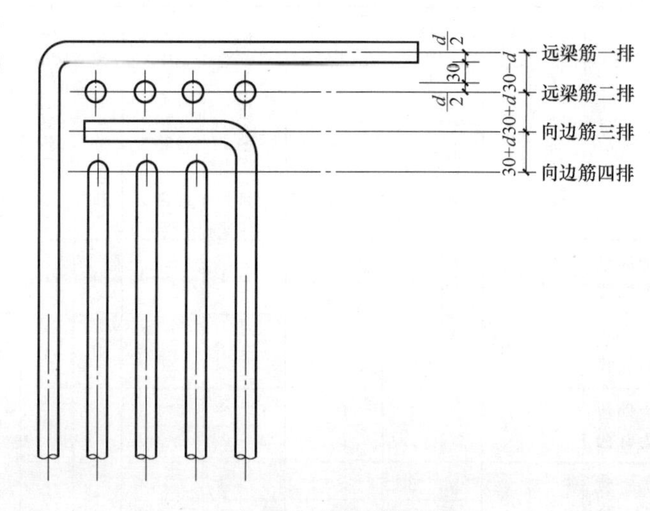

图 4-20　角柱顶筋计算

角柱顶筋中的向边筋三、四排计算公式，如图 4-22 和图 4-23 所示。

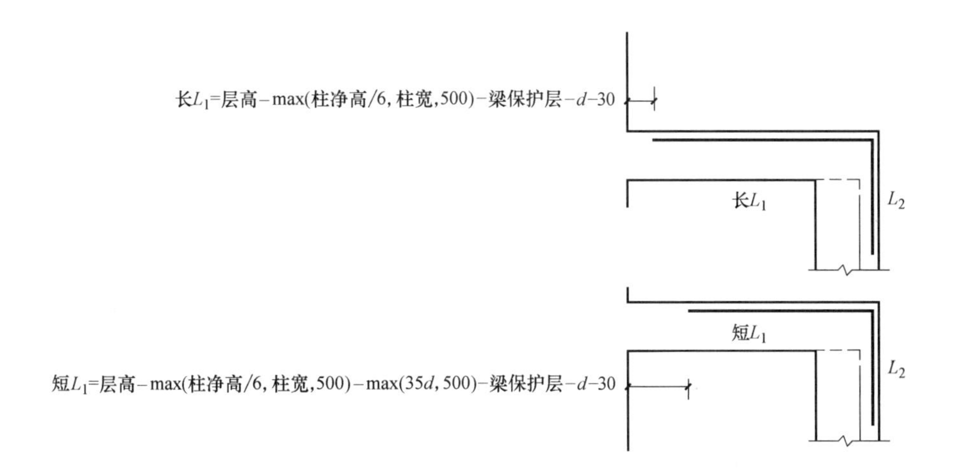

图 4-21　角柱顶筋中的远梁筋二排计算

注：钢筋用于焊接连接。

$L_2 = 1.5l_{aE}$−梁高+梁保护层

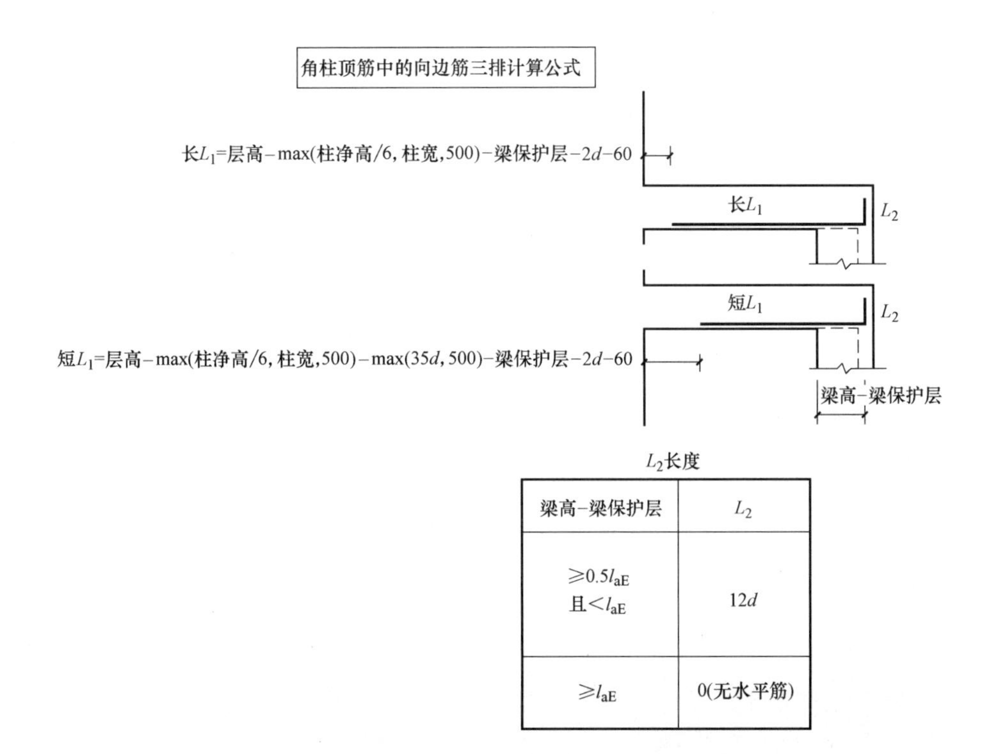

L_2长度

梁高−梁保护层	L_2
$\geqslant 0.5l_{aE}$ 且$< l_{aE}$	12d
$\geqslant l_{aE}$	0(无水平筋)

图 4-22　角柱顶筋中的向边筋三排计算

注：钢筋用于焊接连接。

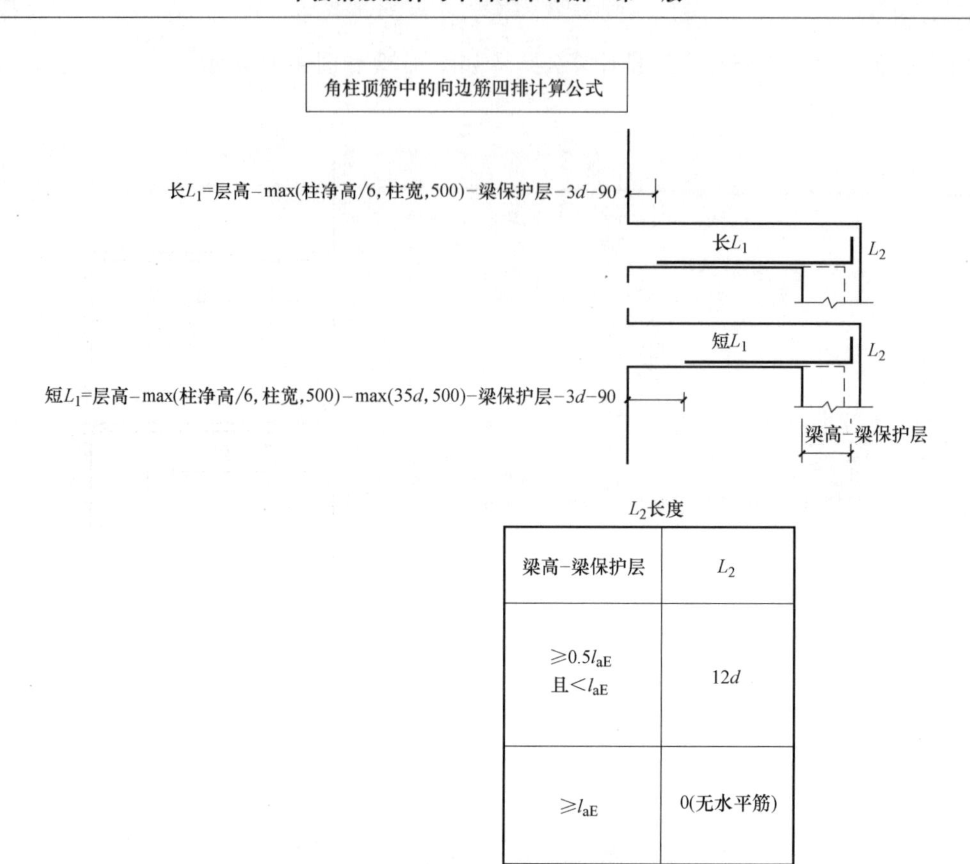

梁高−梁保护层	L_2
$\geqslant 0.5l_{aE}$ 且 $< l_{aE}$	12d
$\geqslant l_{aE}$	0(无水平筋)

图 4-23　角柱顶筋中的向边筋四排计算

注：钢筋用于焊接连接。

第5章　板钢筋翻样与下料

细节：板的分类和钢筋配置的关系

我们首先总结一下常见的板钢筋配置的特点，以便于对比16G101-1图集所规定的平法楼板钢筋标注。板的配筋方式有两种，即弯起式配筋和分离式配筋，如图5-1所示。目前，一般的民用建筑都采用分离式配筋，16G101-1图集所讲述的也是分离式配筋，因此，在下面的内容中我们按分离式配筋进行讲述。有些工业厂房，尤其是具有振动荷载的楼板必须采用弯起式配筋，当遇到这样的工程时，应该按施工图所给出的钢筋构造详图进行施工。

注：所谓弯起式配筋是把板的下部主筋和上部的扣筋设计成一根钢筋；而分离式配筋就是分别设置板的下部主筋和上部的扣筋。

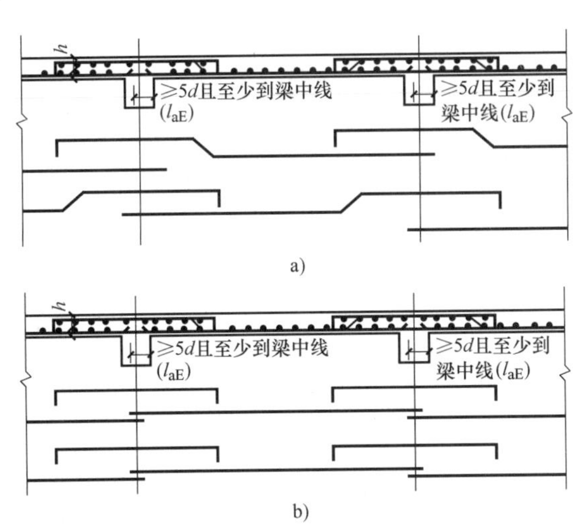

图5-1　板的配筋方式

a）弯起式配筋　b）分离式配筋

1. 板的种类

（1）从板的力学特征来划分，有楼板和悬臂板之分。悬臂板是一面支承的板。阳台板、雨篷板、挑檐板等都是悬臂板。我们讨论的楼板是两面支承或四面支承的板，不管它是单跨的还是连续的，是刚接的还是铰接的。

（2）从施工方法上来划分，有预制板和现浇板两种。预制板又可分为平板、槽形板、空心板、大型屋面板等。但现在的民用建筑已经大量采用现浇板，而很少采用预制板了。

（3）从配筋特点来划分

1）楼板的配筋有“单向板”和“双向板”两种。

单向板在一个方向上布置主筋，而在另一个方向上布置分布筋。

双向板在两个互相垂直的方向上都布置主筋，使用比较广泛。

此外，配筋的方式有单层布筋和双层布筋两种。

楼板的单层布筋就是在板的下部布置贯通纵筋，在板的周边布置扣筋（即非贯通纵筋）。

楼板的双层布筋就是板的上部和下部都布置贯通纵筋。

2）悬挑板都是单向板，布筋方向与悬挑方向一致。

2. 不同种类板的钢筋配置

（1）楼板的上部钢筋

1）单层布筋：不设上部贯通纵筋，而设置上部非贯通纵筋（即扣筋）。

2）双层布筋：设置上部贯通纵筋。

对于上部贯通纵筋来说，同样存在单向布筋和双向布筋的区别。

对于上部非贯通纵筋（即扣筋）来说，需要布置分布筋。

（2）楼板的下部钢筋

1）单向板：在受力方向上布置贯通纵筋，另一个方向上布置分布筋。

2）双向板：在两个受力方向上都布置贯通纵筋。

在实际工程中，楼板一般都采用双向布筋。因为根据规范，当板的（长边长度/短边长度）≤2.0，应按双向板计算。

2.0<(长边长度/短边长度)≤3.0，宜按双向板计算。

（3）悬挑板纵筋。顺着悬挑方向设置上部纵筋。悬挑板又可分为两种：

1）纯悬挑板。悬挑板的上部纵筋单独布置。

2）延伸悬挑板。悬挑板的上部纵筋与相邻跨内的上部纵筋贯通布置。

细节：板块集中标注

16G101-1图集的集中标注以板块为单位。对于普通楼面，两向均以一跨为一块板。

板块集中标注的内容为：板块编号，板厚，上部贯通纵筋，下部纵筋，以及当板面标高不同时的标高高差。

1. 板块编号（表5-1）

表5-1　板块编号

板类型	代号	序号	例子
楼面板	LB	××	LB1
屋面板	WB	××	WB2
悬挑板	XB	××	XB3

说明：

同一编号板块的类型、板厚和纵筋均相同，但板面标高、平面形状、跨度以及板支座上部非贯通纵筋可以不同，如同一编号板块的平面形状可为矩形、多边形及其他形状等。预算和施工时，应根据其实际平面形状，分别计算各块板的钢材与混凝土用量。例如，图5-2中的LB1就包括大小不同的矩形板，还包括一块刀把形板。在图中，只在其中某一块板上进行了集中标注，就等于对其他相同编号的板进行了钢筋标注。平法钢筋自动计算软件也是执行这个原则，只要对其中某一块板上进行标注，就能自动计算出所有相同编号楼板的纵筋。

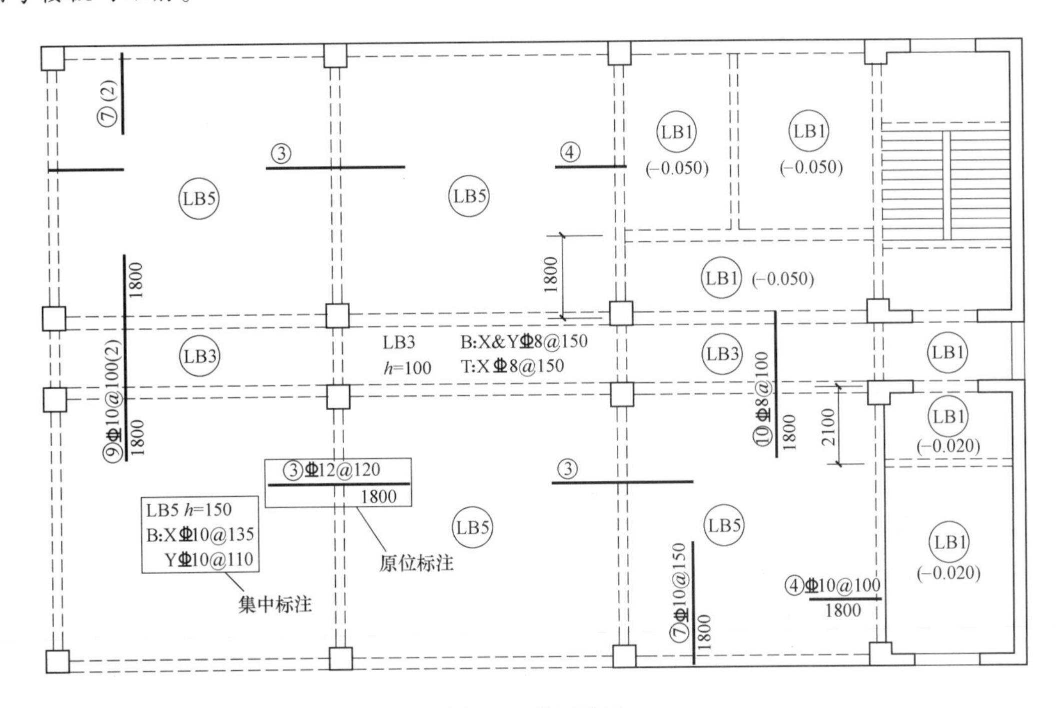

图5-2 某矩形板

2. 板厚注写

板厚注写为 h=×××(为垂直于板面的厚度)，例如：h=80。

当悬挑板的端部改变截面厚度时，注写为 h=×××/×××（斜线前为板根的厚度，斜线后为板端的厚度)，例如：h=70/50。

3. 纵筋

纵筋按板块的下部纵筋和上部贯通纵筋分别注写（当板块上部不设贯通纵筋时则不注)。

以B代表下部纵筋，T代表上部贯通纵筋，B&T代表下部与上部；X向纵筋以X打头，Y向纵筋以Y打头，两向纵筋配置相同时以X&Y打头。

【例5-1】 双层板的配筋（双向布筋）

WB3 h=110

B：XΦ10@110，YΦ8@100

T：X&YΦ10@150

【说明】

上述标注表示：编号为WB3的屋面板，厚度为110mm，板下部布置X向纵筋为Φ10@110，Y向纵筋为Φ8@100，板上部配置的贯通纵筋无论X向和Y向都是Φ10@150。

【例5-2】 单向板的配筋（单层布筋）

LB3 h=120

B：YΦ8@150

【说明】

上述标注表示：编号为 LB3 的楼面板，厚度为 120mm，板下部布置 Y 向纵筋Φ 8@ 150，板下部 X 向布置的分布筋不必进行集中标注，而在施工图统一注明。

下面再结合一些例子来说明各种类型楼板的钢筋标注。

【例 5-3】 双层双向板的标注（图 5-3 左侧）：

LB1　h = 120

B：X&Y ⌀ 8@ 150

T：X&Y ⌀ 8@ 150

【说明】

上述标注表示：编号为 LB1 的楼面板，厚度为 120mm，板下部配置的纵筋无论 X 向和 Y 向都是⌀ 8@ 150，板上部配置的贯通纵筋无论 X 向和 Y 向都是⌀ 8@ 150。

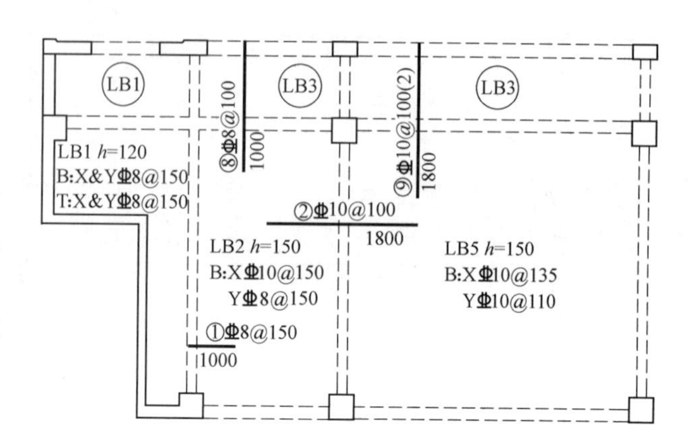

图 5-3　双单层双向板的标注

在这里要说明的是，虽然 LB1 的钢筋标注只在某一块楼板上进行，但是，本楼层上所有注明“LB1”的楼板都执行上述标注的配筋，尤其值得指出的是，无论大小不同的矩形板还是“刀把形板”，都执行同样的配筋。当然，对这些形状不同或尺寸不同的楼板，要分别计算每一块板的钢筋配置。

【例 5-4】 单层双向板的标注（图 5-3 右侧）：

LB5　h = 150

B：X ⌀ 10@ 135

　　Y ⌀ 10@ 110

【说明】

上述标注表示：编号为 LB5 的楼面板，厚度为 150mm，板下部配置的 X 向纵筋为⌀ 10@ 135，Y 向纵筋为⌀ 10@ 110。

由于没有“T:”的钢筋标注，说明板上部不设贯通纵筋。这就是说，每一块板的周边需要进行扣筋（上部非贯通纵筋）的原位标注。应该理解的是，同为“LB1”的板，但周边设置的扣筋可能各不相同。由此可见，楼板的编号与扣筋的设置无关。

【例 5-5】 图 5-4 中“走廊板”的标注：

LB3　h = 100

B：X&Y ⌀ 8@ 150

T：X ⌀ 8@ 150

【说明】

上述标注表示：编号为 LB3 的楼面板，厚度为 100mm，板下部配置的纵筋无论 X 向和 Y 向都是⌀ 8@ 150，板上部配置的 X 向贯通纵筋为⌀ 8@ 150。

我们注意到，板上部 Y 向没有标注贯通纵筋，但是并非没有配置钢筋——Y 向的钢筋有支座原位标注的横跨两道梁的扣筋⌀ 10@ 100 和⌀ 12@ 120。

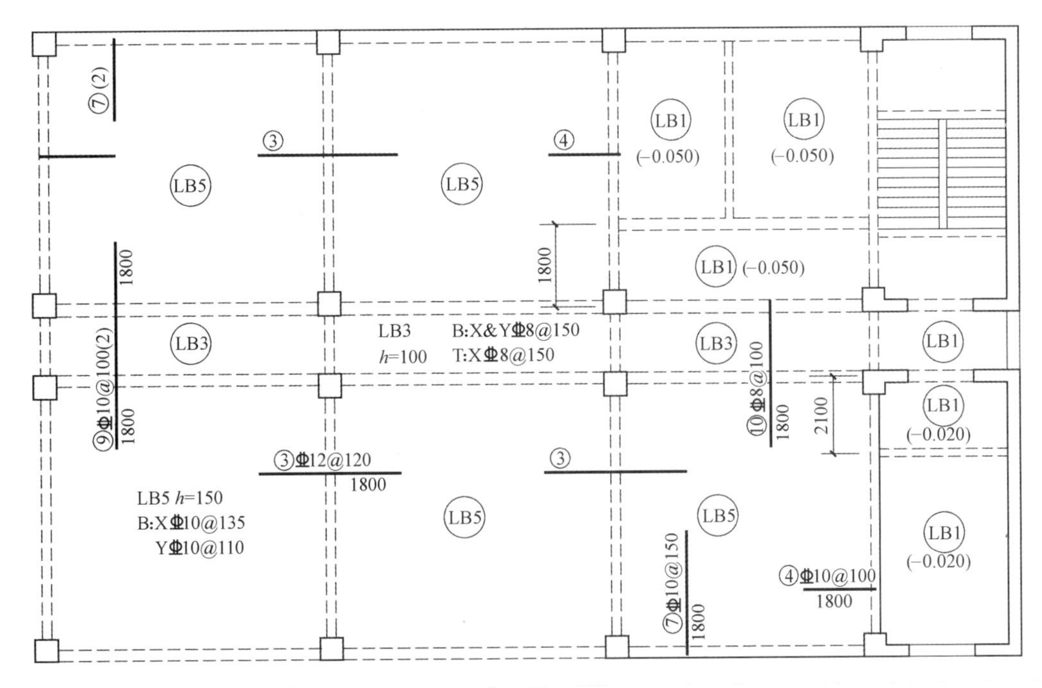

图 5-4　走廊板的标注

我们还注意到，该“LB3”的集中标注虽然是注写在第二跨的“走廊板”上，但在第一跨和第三跨的“走廊板 LB3”都执行上述标注的贯通纵筋，然而横跨这几块板的扣筋规格和间距可能各不相同。

4. 板面标高高差

板面标高高差系指相对于结构层楼面标高的高差，应将其注写在括号内，且有高差则注，无高差不注。

例如：(−0.050) 表示本板块比本层楼面标高低 0.050m。

【例 5-6】（例子工程的）“低板”的标注（图 5-4 右下角）：

例子工程的右下角有两块“LB1”板，在这些板上都标注有：(−0.020) 表示这两块板比本层楼面标高低 0.020m。

由于这两块板的板面标高比周围的板要低 0.020m，因此周边板上的扣筋只能做成“单侧扣筋”，即周边扣筋不能跨越边梁扣到标高较低的“LB1”板上。

细节：板支座原位标注

板支座原位标注为：板支座上部非贯通纵筋（即扣筋）和纯悬挑板上部受力钢筋。

板支座原位标注的基本方式为：

1）采用垂直于板支座（梁或墙）的一段适宜长度的中粗实线来代表扣筋，在扣筋的上方注写：钢筋编号、配筋值、横向连续布置的跨数（在括号内注写，且当为一跨时可不注），以及是否横向布置到梁的悬挑端。

2）在扣筋的下方注写：自支座中线向跨内的延伸长度。

下面通过具体例子来说明板支座原位标注的各种情况：

1. 单侧扣筋布置的例子（单跨布置）

【例 5-7】 图 5-5a 下面一跨的单侧扣筋②号钢筋。

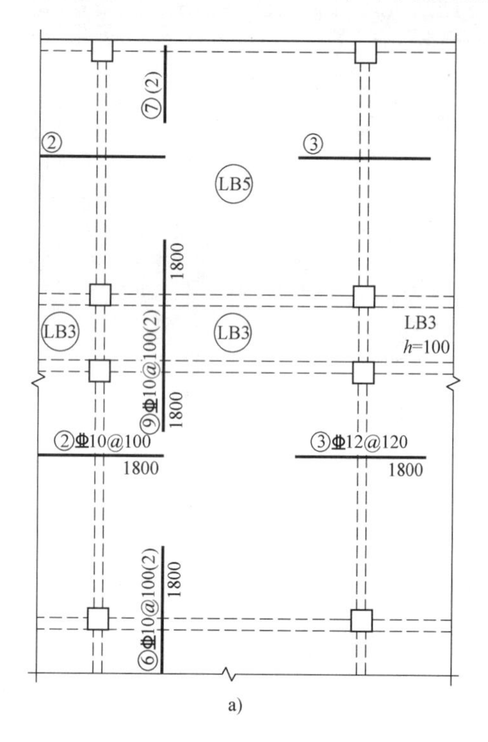

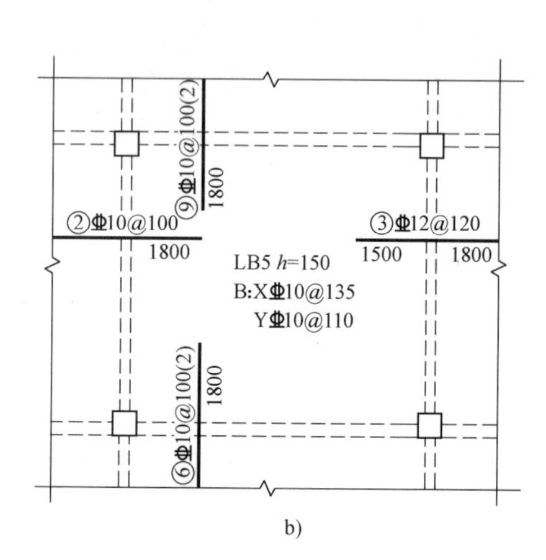

图 5-5 单侧扣筋

在扣筋的上部标注：② Φ 10@ 100

在扣筋的下部标注：1800

表示这个编号为 2 号的扣筋，规格和间距为Φ 10@ 100，从梁中线向跨内的延伸长度为 1800mm（图 5-5a）。

注意：这个扣筋上部标注的后面没有带括号“（ ）”的内容，说明这个扣筋②只在当前跨（即一跨）的范围内进行布置。

【例 5-8】 图 5-5a 上面一跨的一个②号扣筋只作了这样的标注：

在扣筋的上部标注：②，在扣筋的下部没有任何标注。

这表示这个②号扣筋执行前面②号扣筋的原位标注，而且这个②号扣筋是“1 跨”的。注意到图 5-5a 上图上有这样的扣筋标注方式：

在扣筋的上部标注：⑦（2），则表示这个⑦号扣筋是 2 跨的。（即在相邻的两跨连续布置：从标注跨向右数两跨）

2. 双侧扣筋布置的例子（向支座两侧对称延伸）

【例 5-9】 一根横跨一道框架梁的双侧扣筋②号钢筋（图 5-5b）。

在扣筋的上部标注：②Φ 10@ 100；在扣筋下部的左侧为空白，没有尺寸标注；在扣筋下部的右侧标注：1800。

表示这根②号扣筋从梁中线向右侧跨内的延伸长度为 1800mm；而由于双侧扣筋的右侧

没有尺寸标注，则表明该扣筋向支座两侧对称延伸，即向左侧跨内的延伸长度也是 1800mm。

因此，②号扣筋的水平段长度 =(1800+1800)mm=3600mm。

作为通用的计算公式：

双侧扣筋的水平段长度=左侧延伸长度+右侧延伸长度

3. 双侧扣筋布置的例子（向支座两侧非对称延伸）

【例 5-10】 一根横跨一道框架梁的双侧扣筋③号钢筋（图 5-5b）。

在扣筋的上部标注：③⌀12@120；在扣筋下部的左侧标注：1500；在扣筋下部的右侧标注：1800。

则表示这根③号扣筋向支座两侧非对称延伸：从梁中线向左侧跨内的延伸长度为 1500mm；从梁中线向右侧跨内的延伸长度为 1800mm（图 5-5b）。

因此，③号扣筋的水平段长度 =(1500+1800)mm=3300mm。

4. 贯通短跨全跨的扣筋布置例子

【例 5-11】 图 5-6 左边第一跨的⑨号扣筋。

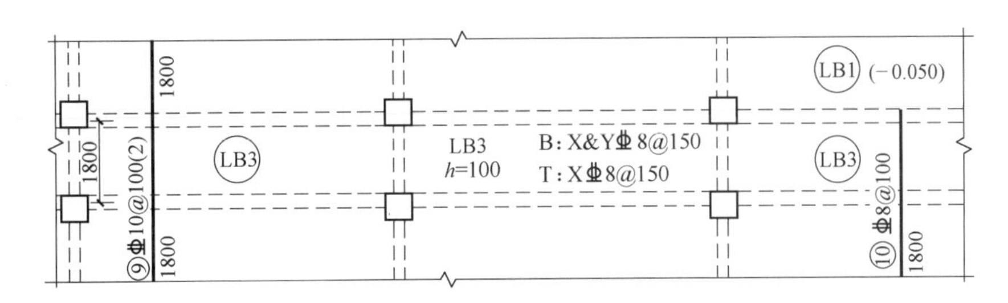

图 5-6　贯通短跨全跨的扣筋布置

在扣筋的上部标注：⑨⌀10@100（2）；在扣筋中段横跨两梁之间没有尺寸标注。

在扣筋下部左端标注延伸长度：1800；在扣筋下部右端标注延伸长度：1800。

平法板的标注规则，对于贯通短跨全跨的扣筋，规定贯通全跨的长度值不注。对于本例来说，这两道梁都是"正中轴线"的，这两道梁中心线的距离，见平面图上标注的尺寸为 1800mm。

这样的扣筋水平长度计算公式为：

扣筋水平段长度=左侧延伸长度+两梁（墙）的中心间距+右侧延伸长度

因此，⑨号扣筋的水平段长度 =(1800+1800+1800)mm=5400mm。

说明：这个扣筋上部标注的后面有带括号的内容："（2）"说明这个扣筋⑨在相邻的两跨之内设置。实行标注的当前跨即是第一跨，第二跨在第一跨的右边。

【例 5-12】 图 5-6 第 3 跨上的横跨两道梁的⑩号扣筋。

在扣筋的上部标注：⑩⌀8@100；在扣筋左端下部标注延伸长度：1800；在扣筋横跨两梁之间没有尺寸标注。

这种扣筋与上例不同，它在Ⓒ轴线的外侧没有向跨内的延伸长度，也就是说，Ⓒ轴线的梁是这根扣筋的一个端支座节点。

因此，这样的扣筋水平长度计算公式为：

扣筋水平段长度=单侧延伸长度+两梁（墙）的中心间距+端部梁（墙）中线至外侧部分长度

5. 贯通全悬挑长度的扣筋布置例子

【例 5-13】⑤号扣筋覆盖整个延伸悬挑板，应该做如下原位标注（图 5-7a）：

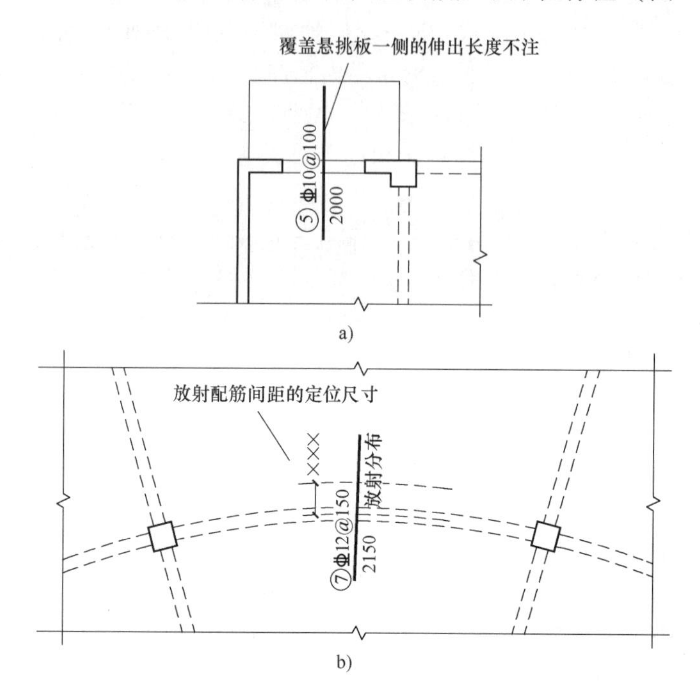

图 5-7 贯通全悬挑长度的扣筋

在扣筋的上部标注：⑤ⅈ 10@ 100；在扣筋下部向跨内的延伸长度标注为：2000。

覆盖延伸悬挑板一侧的延伸长度不作标注。由于扣筋所标注的向跨内延伸长度是从支座（梁）中心线算起的，因此，这根扣筋的水平长度的计算公式为：

扣筋水平段长度=跨内延伸长度+梁宽/2+悬挑板的挑出长度-保护层厚度

6. 弧形支座上的扣筋布置例子

当板支座为弧形，支座上方非贯通纵筋呈放射状分布时，设计者应注明配筋间距的度量位置并加注“放射分布”四字，必要时应补绘平面配筋图（图 5-7b）。

与板支座上部非贯通纵筋垂直且绑扎在一起的构造钢筋或分布钢筋，应由设计者在图中注明。

例如，在结构施工图的总说明里规定板的分布钢筋为ⅈ 8，间距为 250mm。或者在楼层结构平面图上规定板分布钢筋的规格和间距。

细节：现浇混凝土板钢筋翻样

1. 板底筋翻样

板底筋长度翻样简图如图 5-8 所示。

底筋长度=板跨净长+伸入长度×2+2×弯钩(底筋为 HPB300 级钢筋)

底筋深入长度有以下几种情况：

（1）支座为混凝土梁、墙（图 5-9）

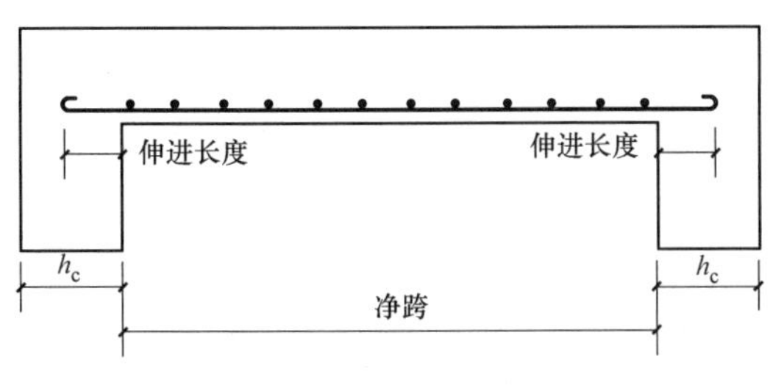

图 5-8　板底筋长度翻样简图

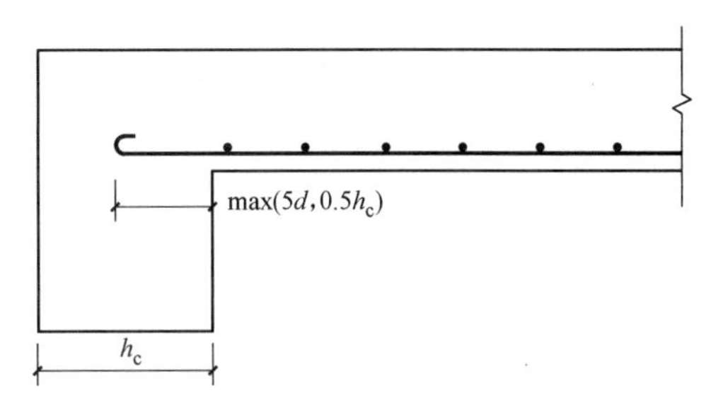

图 5-9　支座为混凝土梁、墙

注：h_c为支座宽度。

$$伸入长度=\max(0.5h_c,5d)$$

（2）板位梁板式转换层板

$$伸入长度=l_{aE}$$

（3）板有支座为宽梁（图 5-10）

$$伸入长度=l_{aE}$$

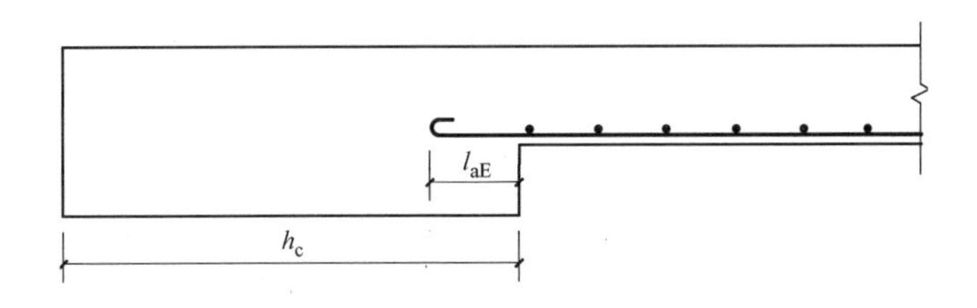

图 5-10　板有支座为宽梁

注：h_c为梁宽度。

2. 下部纵筋翻样

下部纵筋翻样简图如图 5-11 所示。

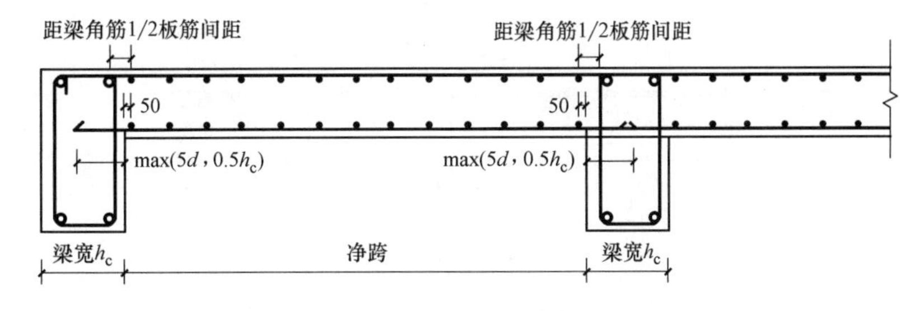

图 5-11　下部纵筋翻样简图

板纵筋根数=（板跨净长+2×保护层厚度+0.5d_1+0.5d_2-板筋间距）/板筋间距+1

式中　d_1——左支座梁角筋直径；

d_2——右支座梁角筋直径。

3. 上部纵筋翻样

上部纵筋翻样简图如图 5-12 所示。

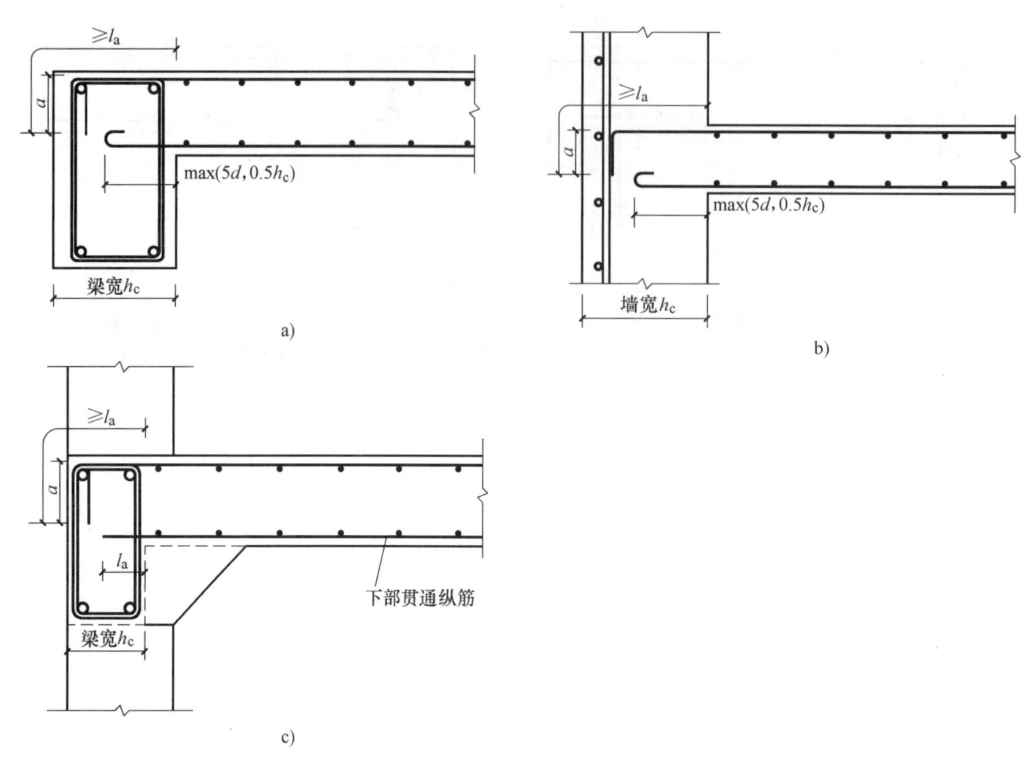

图 5-12 板上部纵筋翻样简图

a）端部为梁 b）端部为墙 c）柱上板带

板上部纵筋支座内水平投影长度 = l_a-a

如果板制作宽度较大，远远大于时，板上部纵筋需要弯折。

4. 中间支座负筋翻样

中间支座负筋翻样简图如图 5-13 所示。

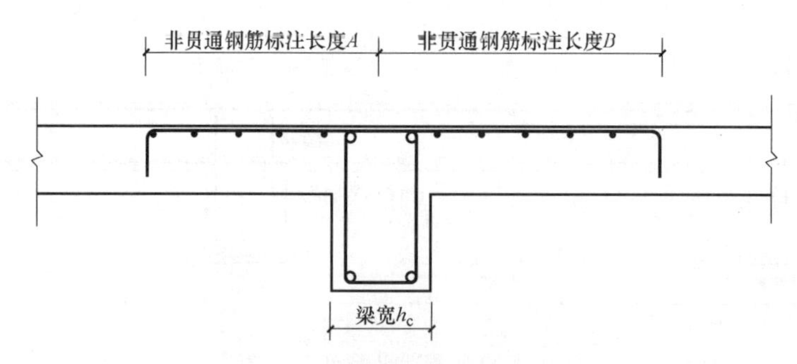

图 5-13 中间支座负筋翻样简图

$$非贯通钢筋长度 = 标注长度\ A + 标注长度\ B + 2\times 弯折长度$$

5. 分布筋翻样

分布筋翻样简图如图 5-14 所示。

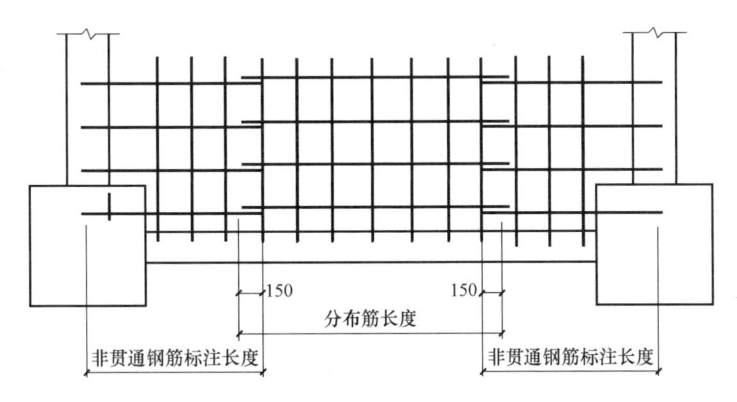

图 5-14　分布筋翻样简图

分布筋长度 = 轴线长度 − 非贯通钢筋标注长度×2+150×2

细节：柱上板带、跨中板带底筋翻样

1. 柱上板带

柱上板带底筋翻样简图如图 5-15 所示。

底筋长度 = 板跨净长 +2×l_a+2×弯钩（底筋为 HPB300 级钢筋）

2. 跨中板带

跨中板带底筋翻样简图如图 5-16 所示。

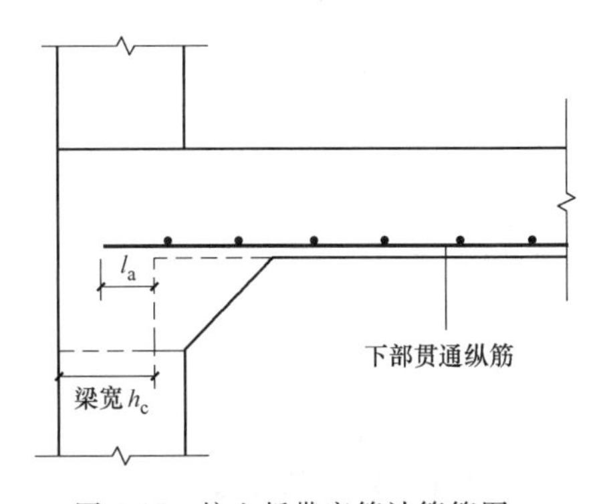

图 5-15　柱上板带底筋计算简图

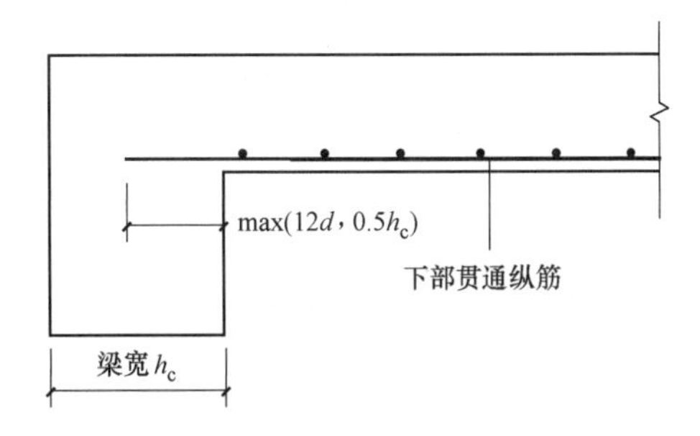

图 5-16　跨中板带底筋计算简图

底筋长度 = 板跨净长 +2×max(0.5h_c, 12d)+2×弯钩(底筋为 HPB300 级钢筋)

细节：悬挑板钢筋翻样

1. 悬挑板上部纵筋

悬挑板上部纵筋翻样简图如图 5-17 所示。

上部纵筋长度 = 板跨净长 +l_a+弯折(板厚 −2×保护层厚度)+5d

2. 悬挑板底筋

悬挑板底筋翻样简图如图 5-17 所示。

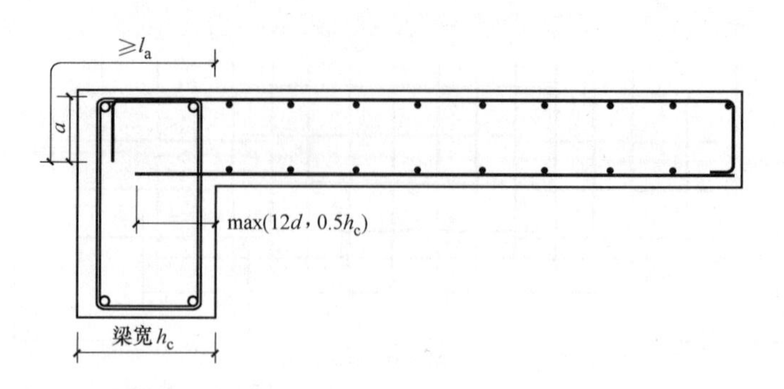

图 5-17　悬挑板钢筋翻样简图

底筋长度=板跨净长+2×max(0.5h_c,12d)+2×弯钩(底筋为 HPB300 级钢筋)

细节：折板钢筋翻样

折板底筋翻样简图如图 5-18 所示。

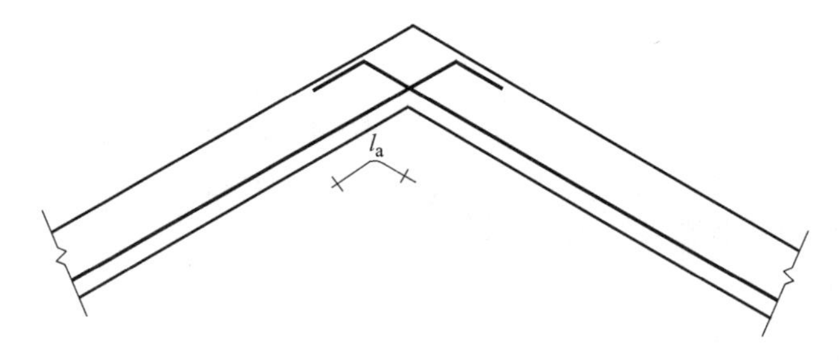

图 5-18　折板底筋翻样简图

外折角纵筋连续通过。当角度 $a\geqslant160°$时，内折角纵筋连续通过。当角度 $a<160°$时，阳角折板下部纵筋和阴角上部纵筋在内折角处交叉锚固。如果纵向受力钢筋在内折角处连续通过，纵向受力钢筋的合力会使内折角处板的混凝土保护层向外崩出，从而使钢筋失去黏结锚固力（钢筋和混凝土之间的黏结锚固力是钢筋和混凝土能够共同工作的基础），最终可能导致折断而破坏。

底筋长度=板跨净长+2×l_a+2×弯钩（底筋为 HPB300 级钢筋）

细节：板上部贯通纵筋的计算方法

1. 端支座为梁时板上部贯通纵筋的计算

（1）计算板上部贯通纵筋的根数。按照 16G101—1 图集的规定，第一根贯通纵筋在距梁边为 1/2 板筋间距处开始设置。这样，板上部贯通纵筋的布筋范围就是净跨长度。

在这个范围内除以钢筋的间距，所得到的“间隔个数”就是钢筋的根数（因为在施工中，我们可以把钢筋放在每个“间隔”的中央位置）。

（2）计算板上部贯通纵筋的长度。板上部贯通纵筋两端伸至梁外侧角筋的内侧，再弯直钩 15d；当平直段长度分别≥l_a、≥l_{aE}时可不弯折。具体的计算方法是：

1）先计算直锚长度=梁截面宽度-保护层-梁角筋直径。

2）若平直段长度分别≥l_a、l_{aE}时可不弯折；否则弯直钩15d。

以单块板上部贯通纵筋的计算为例：

板上部贯通纵筋的直段长度=净跨长度+两端的直锚长度

2. 端支座为剪力墙时板上部贯通纵筋的计算

（1）计算板上部贯通纵筋的根数。按照16G101—1图集的规定，第一根贯通纵筋在距墙边为1/2板筋间距处开始设置。这样，板上部贯通纵筋的布筋范围=净跨长度。

在这个范围内除以钢筋的间距，所得到的间隔个数就是钢筋的根数。（因为在施工中，我们可以把钢筋放在每个间隔的中央位置。）

（2）计算板上部贯通纵筋的长度。板上部贯通纵筋两端伸至剪力墙外侧水平分布筋的内侧，弯锚长度为l_{aE}。具体的计算方法是：

1）先计算直锚长度=墙厚度-保护层-墙身水平分布筋直径。

2）再计算弯钩长度=l_{aE}-直锚长度。

以单块板上部贯通纵筋的计算为例：

板上部贯通纵筋的直段长度=净跨长度+两端的直锚长度

细节：板下部贯通纵筋的计算方法

1. 端支座为梁时板下部贯通纵筋的计算

（1）计算板下部贯通纵筋的根数。计算方法和前面介绍的板上部贯通纵筋根数计算方法是一致的。即：

按照16G101—1图集的规定，第一根贯通纵筋在距梁边为1/2板筋间距处开始设置。这样，板上部贯通纵筋的布筋范围=净跨长度。

在这个范围内除以钢筋的间距，所得到的间隔个数就是钢筋的根数（因为在施工中，我们可以把钢筋放在每个间隔的中央位置）。

（2）计算板下部贯通纵筋的长度。具体的计算方法一般为：

1）先选定直锚长度=梁宽/2。

2）再验算一下此时选定的直锚长度是否大于或等于5d。如果满足直锚长度大于或等于5d，则没有问题；如果不满足直锚长度大于或等于5d，则取定5d为直锚长度（实际工程中，1/2梁厚一般都能够满足大于或等于5d的要求）。

以单块板下部贯通纵筋的计算为例：

板下部贯通纵筋的直段长度=净跨长度+两端的直锚长度

2. 端支座为剪力墙时板下部贯通纵筋的计算

（1）计算板下部贯通纵筋的根数。计算方法和前面介绍的板上部贯通纵筋根数算法是一致的。

（2）计算板下部贯通纵筋的长度。具体的计算方法一般为：

1）先选定直锚长度=墙厚/2。

2）再验算一下此时选定的直锚长度是否大于或等于5d。如果满足直锚长度大于或等于5d，则没有问题；如果不满足直锚长度大于或等于5d，则取定5d为直锚长度（实际工程中，1/2 墙厚一般都能够满足大于或等于 $5d$ 的要求）。

以单块板下部贯通纵筋的计算为例：

板下部贯通纵筋的直段长度 = 净跨长度 + 两端的直锚长度

3. 梯形板钢筋计算的算法分析

实际工程中遇到的楼板平面形状，少数为异形板，大多数为矩形板。

异形板的钢筋计算不同于矩形板。异形板的同向钢筋（X 向钢筋）的长度各不相同，需要分别计算每根钢筋；而矩形板的同向钢筋（X 向钢筋或 Y 向钢筋）的长度都是一样的，于是问题就剩下钢筋根数的计算。

仔细分析一块梯形板，可以划分为矩形板加上三角形板，于是梯形板钢筋的变长度问题就转化为三角形板的变长度问题（图 5-19）。而计算三角形板的变长度钢筋，可以通过相似三角形的对应边成比例的原理来进行计算。

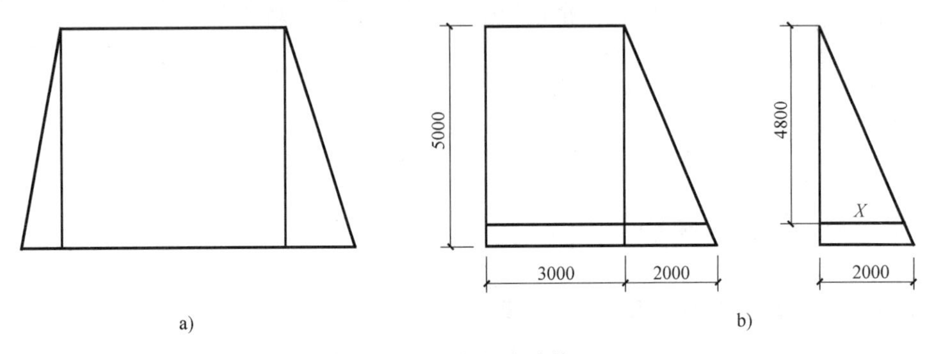

图 5-19　变长度计算

算法分析：

例如，一个直角梯形的两条底边分别是 3000mm 和 5000mm，高为 5000mm。这个梯形可以划分成一个宽 3000mm、高 5000mm 的矩形和一个底边为 2000mm、高为 5000mm 的三角形。假设梯形的 5000mm 底边是楼板第一根钢筋的位置，这根 5000mm 的钢筋现在分解成 3000mm 矩形的底边和三角形的 2000mm 底边。这样，如果我们要计算梯形板的第二根钢筋长度，只需在这个三角形中进行计算即可。

相似三角形的算法是这样的：

假设钢筋间距为 200mm，在高 5000mm、底边 2000mm 的三角形，将底边平行回退 200mm，得到一个高 4800mm、底边为 X 的三角形，这两个三角形是相似的，而 X 就是所求的第二根钢筋的长度（图 5-19b）。根据相似三角形的对应边成比例这一原理，有下面的计算公式：

$$X : 2000 = 4800 : 5000$$

所以

$$X = 2000 \times 4800 / 5000 = 1920\text{mm}$$

因此，梯形的第二根钢筋长度 = $3000 + X = (3000 + 1920)\text{mm} = 4920\text{mm}$

根据这个原理，我们可以计算出梯形楼板的第三根以及更多的钢筋长度。

细节：扣筋的计算方法

扣筋（即板支座上部非贯通筋），是在板中应用得比较多的一种钢筋，在一个楼层当中，扣筋的种类又是最多的，因此在板钢筋计算中，扣筋的计算占的比重相当大。

1. 扣筋计算的基本原理

扣筋的形状为“┌──┐”形，其中有两条腿和一个水平段。

（1）扣筋腿的长度与所在楼板的厚度有关。

1）单侧扣筋：扣筋腿的长度=板厚度-15（可以把扣筋的两条腿都采用同样的长度）。

2）双侧扣筋（横跨两块板）：扣筋腿 1 的长度=板 1 的厚度-15；扣筋腿 2 的长度=板 2 的厚度-15。

（2）扣筋的水平段长度可根据扣筋延伸长度的标注值来进行计算。如果单纯根据延伸长度标注值还不能计算的话，则还要依据平面图板的相关尺寸来进行计算。下面，主要讨论不同情况下如何计算扣筋水平段长度的问题。

2. 最简单的扣筋计算。

横跨在两块板中的双侧扣筋的扣筋计算。

（1）双侧扣筋（单侧标注延伸长度）：表明该扣筋向支座两侧对称延伸；扣筋水平段长度=单侧延伸长度×2。

（2）双侧扣筋（两侧都标注了延伸长度）：扣筋水平段长度=左侧延伸长度+右侧延伸长度。

3. 需要计算端支座部分宽度的扣筋计算

单侧扣筋：[一端支承在梁（墙）上，另一端伸到板中]

扣筋水平段长度=单侧延伸长度+端部梁中线至外侧部分长度

4. 贯通全悬挑长度的扣筋的计算

贯通全悬挑长度的扣筋的水平段长度计算公式如下：

扣筋水平段长度=跨内延伸长度+梁宽/2+悬挑板的挑出长度-保护层

5. 横跨两道梁的扣筋的计算（贯通短跨全跨）

（1）仅在一道梁之外有延伸长度：

扣筋水平段长度=单侧延伸长度+两梁的中心间距+端部梁中线至外侧部分长度

式中　端部梁中线至外侧部分的扣筋长度=梁宽度/2-梁纵筋保护层-梁纵筋直径

（2）在两道梁之外都有延伸长度：

扣筋水平段长度=左侧延伸长度+两梁的中心间距+右侧延伸长度

6. 扣筋分布筋的计算

（1）扣筋分布筋根数的计算原则。

1）扣筋拐角处必须布置一根分布筋。

2）在扣筋的直段范围内按分布筋间距进行布筋。板分布筋的直径和间距在结构施工图的说明中应该有明确的规定。

3）当扣筋横跨梁（墙）支座时，在梁（墙）的宽度范围内不布置分布筋。也就是说，这时要分别对扣筋的两个延伸净长度计算分布筋的根数。

（2）扣筋分布筋的长度没必要按全长计算。由于在楼板角部矩形区域，横竖两个方向的扣筋相互交叉，互为分布筋，因此这个角部矩形区域不应该再设置扣筋的分布筋，否则，四层钢筋交叉重叠在一块，混凝土不能覆盖住钢筋。

7. 一根完整的扣筋的计算过程

(1) 计算扣筋的腿长。如果横跨两块板的厚度不同，则要分别计算扣筋的两腿长度。

(2) 计算扣筋的水平段长度。

(3) 计算扣筋的根数。如果扣筋的分布范围为多跨，也还是“按跨计算根数”，相邻两跨之间的梁（墙）上不布置扣筋。扣箍根数的计算用贯通纵筋根数的计算方法。

(4) 计算扣筋的分布筋。

第6章　剪力墙钢筋翻样与下料

细节：剪力墙平法施工图的表示方法

剪力墙平法施工图是在剪力墙平面布置图上采用列表注写方式或截面注写方式表达。

剪力墙平面布置图主要包含两部分：剪力墙平面布置图和剪力墙各类构造及节点构造详图。

1. 剪力墙各类构件

在平法施工图中将剪力墙分为剪力墙柱、剪力墙身和剪力墙梁。

剪力墙柱（简称墙柱）包含纵向钢筋和横向箍筋，其连接方式与柱相同。

剪力墙梁（简称墙梁）可分为剪力墙连梁、剪力墙暗梁和剪力墙边框梁三类，其由纵向钢筋和横向箍筋组成，绑扎方式与梁基本相同。

剪力墙身（简称墙身）包含竖向钢筋、横向钢筋和拉筋。

2. 边缘构件

根据《建筑抗震设计规范》（GB 50011—2010）要求，剪力墙两端和洞口两侧应设置边缘构件。边缘构件包括：暗柱、端柱和翼墙。

对于剪力墙结构，底层墙肢底截面的轴压比不大于抗震规范要求的最大轴压比的一、二、三级剪力墙和四级抗震墙，墙肢两端可设置构造边缘构件。

对于剪力墙结构，底层墙肢底截面的轴压比大于抗震规范要求的最大轴压比的一、二、三级抗震等级剪力墙，以及部分框支剪力墙结构的抗震墙，应在底部加强部位及相邻的上一层设置约束边缘构件，在以上的部位可设置构造边缘构件。

3. 剪力墙的定位

通常，轴线位于剪力墙中央，当轴线未居中布置时，应在剪力墙平面布置图上直接标注偏心尺寸。由于剪力墙暗柱与短肢剪力墙的宽度与剪力墙身同厚，因此，剪力墙偏心情况定位时，暗柱及小墙肢位置也随之确定。

细节：剪力墙平面表达形式

剪力墙平法施工图的表达方式有以下两种：

（1）列表注写方式。

（2）截面注写方式。

列表注写方式与截面注写方式均适用于各种结构类型，列表注写方式可在一张图样上将全部剪力墙一次性表达清楚，也可以按剪力墙标准层逐层表达。截面注写方式通常需要首先划分剪力墙标准层后，再按标准层分别绘制。

1. 列表注写方式

列表注写方式，系分别在剪力墙柱表、剪力墙身表和剪力墙梁表中，对应于剪力墙平面布置图上的编号，用绘制截面配筋图并注写几何尺寸与配筋具体数值的方式，来表达剪力墙平法施工图。图 6-1 为剪力墙平法施工图，图 6-2 为剪力墙梁、墙身表，图 6-3 为剪力墙柱表。

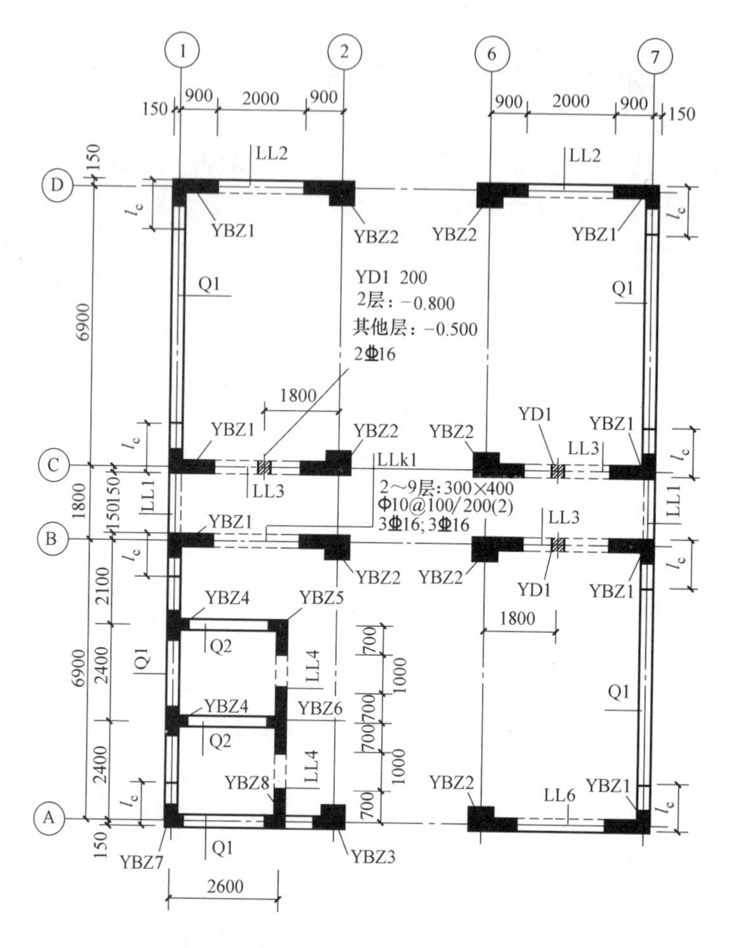

图 6-1 剪力墙平法施工图

（1）剪力墙柱表：在剪力墙柱表中，包括墙柱编号，截图配筋图，加注的几何尺寸（未注明的尺寸按标注构件详图取值），墙柱的起止标高，全部纵向钢筋和箍筋等内容。其中墙柱的起止标高自墙柱根部往上以变截面位置或截面未变但配筋改变处为分段界限，墙柱根部标高系指基础顶面标高（部分框支剪力墙结构则为框支梁的顶面标高）。

（2）剪力墙身表：在剪力墙身表中，包括墙身编号（含水平与竖向分布钢筋的排数），墙身的起止标高（表达方式同墙柱的起止标高），水平分布钢筋、竖向分布钢筋和拉筋的具体数值（表中的数值为一排水平分布钢筋和竖向分布钢筋的规格与间距，具体设置几排见墙身后面的括号中数值）等。

（3）剪力墙梁表：在剪力墙梁表中，包括墙梁编号，墙梁所在楼层号，墙梁顶面标高高差（系指相对于墙梁所在结构层楼面标高的高差值，正值代表高于者，负值代表低于者，

剪力墙梁表						
编号	所在楼层号	顶梁相对标高高差/m	梁截面 $b \times h$/mm	上部纵筋	下部纵筋	箍筋
LL1	2～9	0.800	300×2000	4Φ25	4Φ25	Φ10@100(2)
	10～16	0.800	250×2000	4Φ22	4Φ22	Φ10@100(2)
	屋面1		250×1200	4Φ20	4Φ20	Φ10@100(2)
LL2	3	−1.200	300×2520	4Φ25	4Φ25	Φ10@150(2)
	4	−0.900	300×2070	4Φ25	4Φ25	Φ10@150(2)
	5～9	−0.900	300×1770	4Φ25	4Φ25	Φ10@150(2)
	10～屋面1	−0.900	250×1770	4Φ22	4Φ22	Φ10@150(2)
LL3	2		300×2070	4Φ25	4Φ25	Φ10@100(2)
	3		300×1770	4Φ25	4Φ25	Φ10@100(2)
	4～9		300×1170	4Φ25	4Φ25	Φ10@100(2)
	10～屋面1		250×1170	4Φ22	4Φ22	Φ10@100(2)
LL4	2		250×2070	4Φ20	4Φ20	Φ10@120(2)
	3		250×1770	4Φ20	4Φ20	Φ10@120(2)
	4～屋面1		250×1170	4Φ20	4Φ20	Φ10@120(2)
AL1	2～9		300×600	3Φ20	3Φ20	Φ8@150(2)
	10～16		250×500	3Φ18	3Φ18	Φ8@150(2)
BKL1	屋面1		500×750	4Φ22	4Φ22	Φ10@150(2)

剪力墙身表					
编号	标高/m	墙厚/mm	水平分布筋	垂直分布筋	拉筋(双向)
Q1	−0.030～30.270	300	Φ12@200	Φ12@200	Φ6@600@600
	30.270～59.070	250	Φ10@200	Φ10@200	Φ6@600@600
Q2	−0.030～30.270	250	Φ10@200	Φ10@200	Φ6@600@600
	30.270～59.070	200	Φ10@200	Φ10@200	Φ6@600@600

图 6-2　剪力墙梁、墙身表

未注明的代表无高差)，墙梁截面尺寸 $b \times h$、上部纵筋、下部纵筋和箍筋的具体数值等。当连梁设有对角暗撑时［代号为 LL（JC）××］，注写暗撑的截面尺寸（箍筋外皮尺寸）；注写一根暗撑的全部纵筋，并标注×2 表明有两根暗撑相互交叉；注写暗撑箍筋的具体数值。当连梁设有交叉斜筋时［代号 LL（JX）××］，注写连梁一侧对角斜筋的配筋值，并标注×2 表明对称设置；注写对角斜筋在连梁端部设置的拉筋根数、强度级别及直径，并标注×4 表示四个角都设置；注写连梁一侧折线筋配筋值，并标注×2 表明对称设置。当连梁设有集中对角斜筋时［代号为 LL（DX）××］，注写一条对角线上的对角斜筋，并标注×2 表明对称设置。跨高比不小于 5 的连梁，按框架梁设计时（代号为 LLk××），采用平面注写方式，注写规则同框架梁，可采用适当比例单独绘制，也可与剪力墙平法施工图合并绘制。

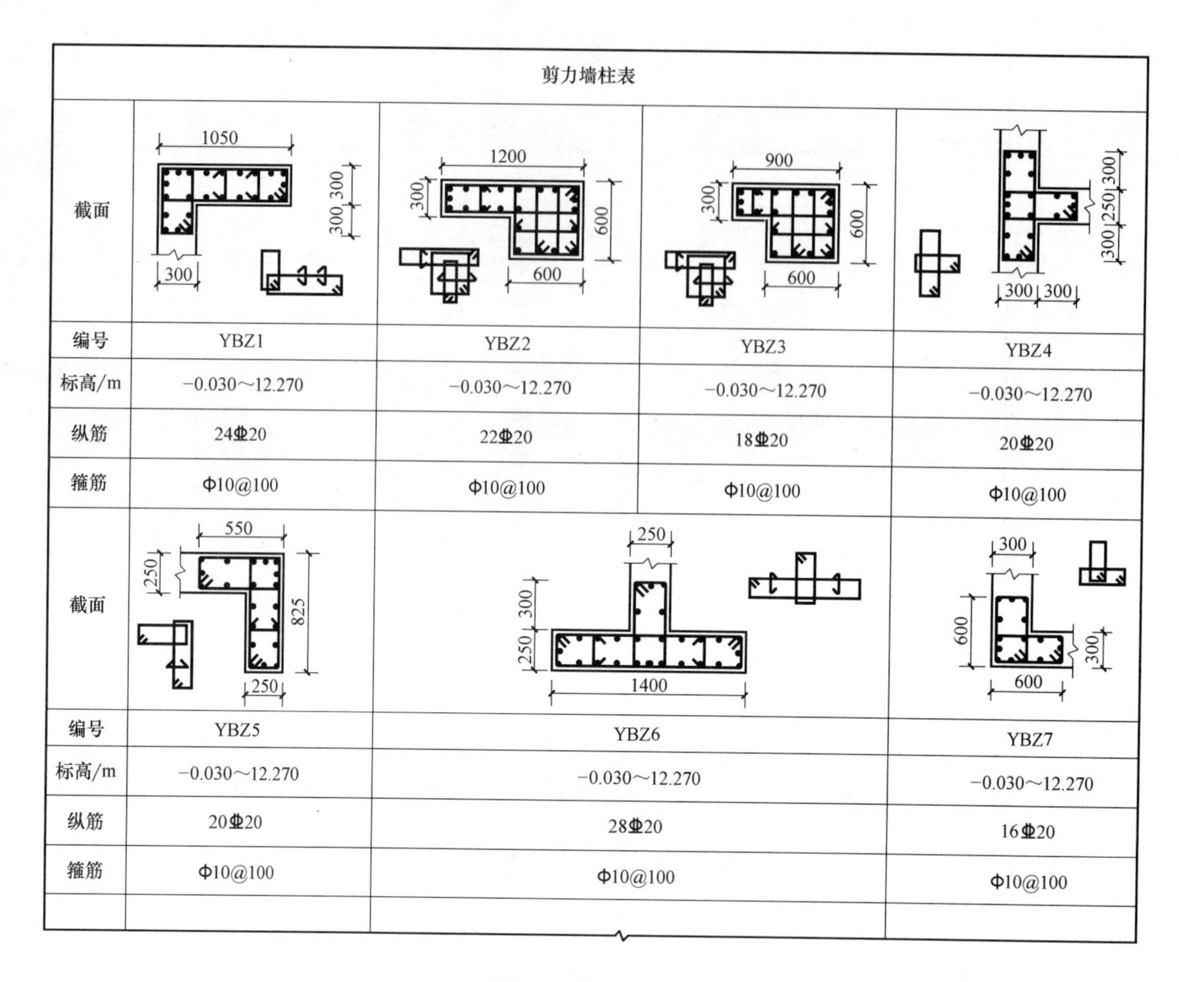

剪力墙柱表

截面				
编号	YBZ1	YBZ2	YBZ3	YBZ4
标高/m	−0.030～12.270	−0.030～12.270	−0.030～12.270	−0.030～12.270
纵筋	24Φ20	22Φ20	18Φ20	20Φ20
箍筋	Φ10@100	Φ10@100	Φ10@100	Φ10@100

截面			
编号	YBZ5	YBZ6	YBZ7
标高/m	−0.030～12.270	−0.030～12.270	−0.030～12.270
纵筋	20Φ20	28Φ20	16Φ20
箍筋	Φ10@100	Φ10@100	Φ10@100

图 6-3　剪力墙柱表

2. 截面注写方式

（1）截面注写方式：截面注写方式系在分标准层绘制的剪力墙平面布置图上以直接在墙柱、墙身、墙梁上注写截面尺寸和配筋具体数值的方式来表达剪力墙平法施工图，图 6-4 所示为剪力墙平法施工图。

（2）选用适当比例原位放大绘制剪力墙平面布置图，其中对墙柱绘制配筋截面图；对所有墙柱、墙身、墙梁分别按剪力墙编号的规定进行编号，并分别在相同编号的墙柱、墙身、墙梁中选择一根墙柱、一道墙身、一根墙梁进行注写，其注写方式按以下规定进行：

1）剪力墙柱的注写内容有：截面配筋图、截面尺寸、全部纵筋和箍筋的具体数值。

2）剪力墙身的注写内容有：墙身编号（编号后括号内的数值表示墙身所配置的水平与竖向分布钢筋的排数）、墙厚尺寸、水平分布钢筋和竖向分布钢筋以及拉筋的具体数值。

3）剪力墙梁的注写内容有：墙梁编号、墙梁截面尺寸 $b \times h$、墙梁箍筋、上部纵筋、下部纵筋和墙梁顶面标高高差（含义同列表注写方式）。

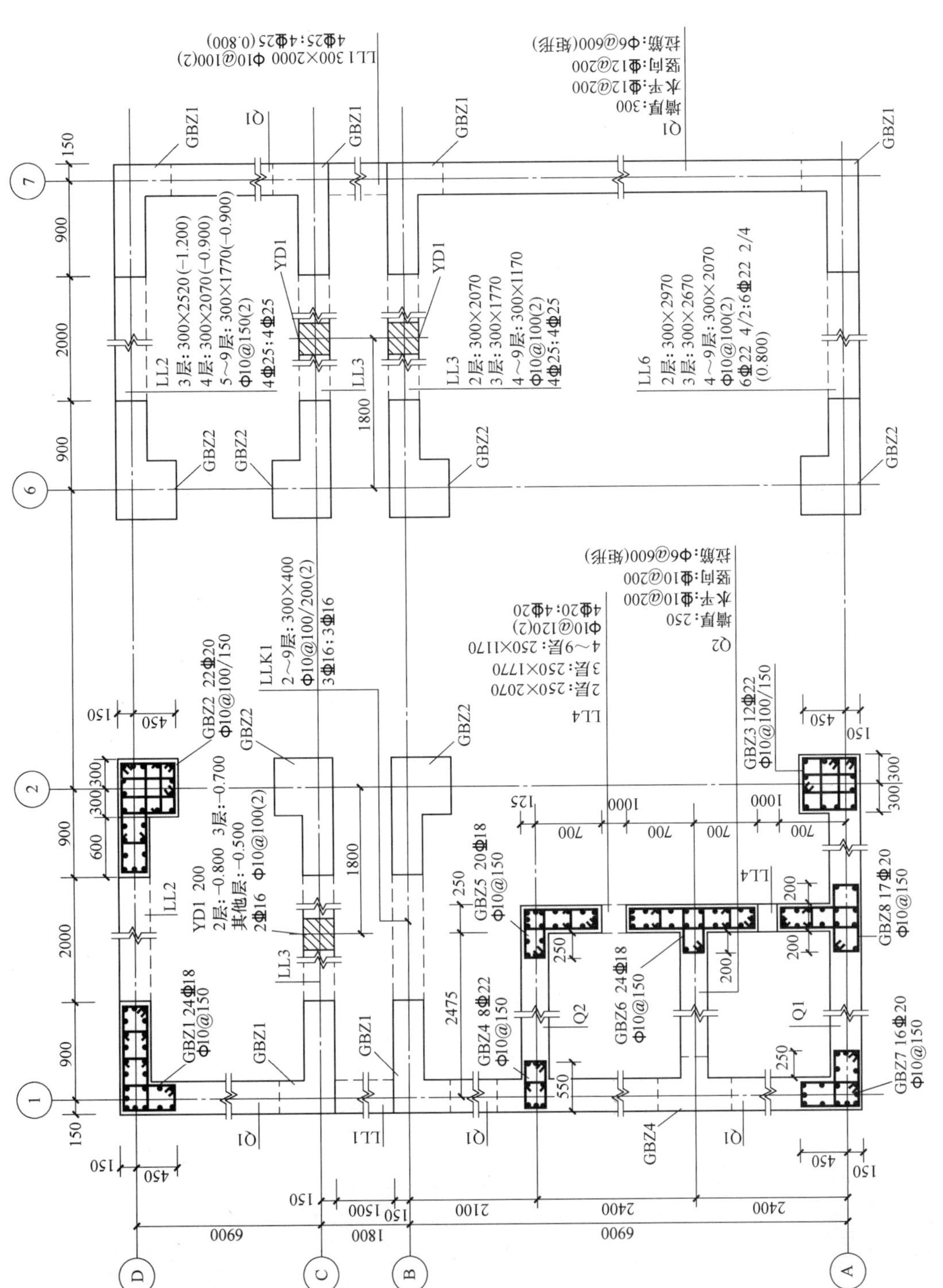

图 6-4　剪力墙平法施工图

细节：剪力墙编号规定

剪力墙按墙柱、墙身、墙梁三类构件分别编号。

（1）墙柱编号，由墙柱类型代号和序号组成，表达形式应符合表 6-1 的规定。

表 6-1　墙柱编号

墙柱类型	代　号	序　号
约束边缘构件	YBZ	××
构造边缘构件	GBZ	××
非边缘暗柱	AZ	××
扶壁柱	FBZ	××

注：约束边缘构件包括约束边缘暗柱、约束边缘端柱、约束边缘翼墙、约束边缘转角墙四种，见表 6-2。构造边缘构件包括构造边缘暗柱、构造边缘端柱、构造边缘翼墙、构造边缘转角墙四种，见表 6-3。

表 6-2　约束边缘构件表

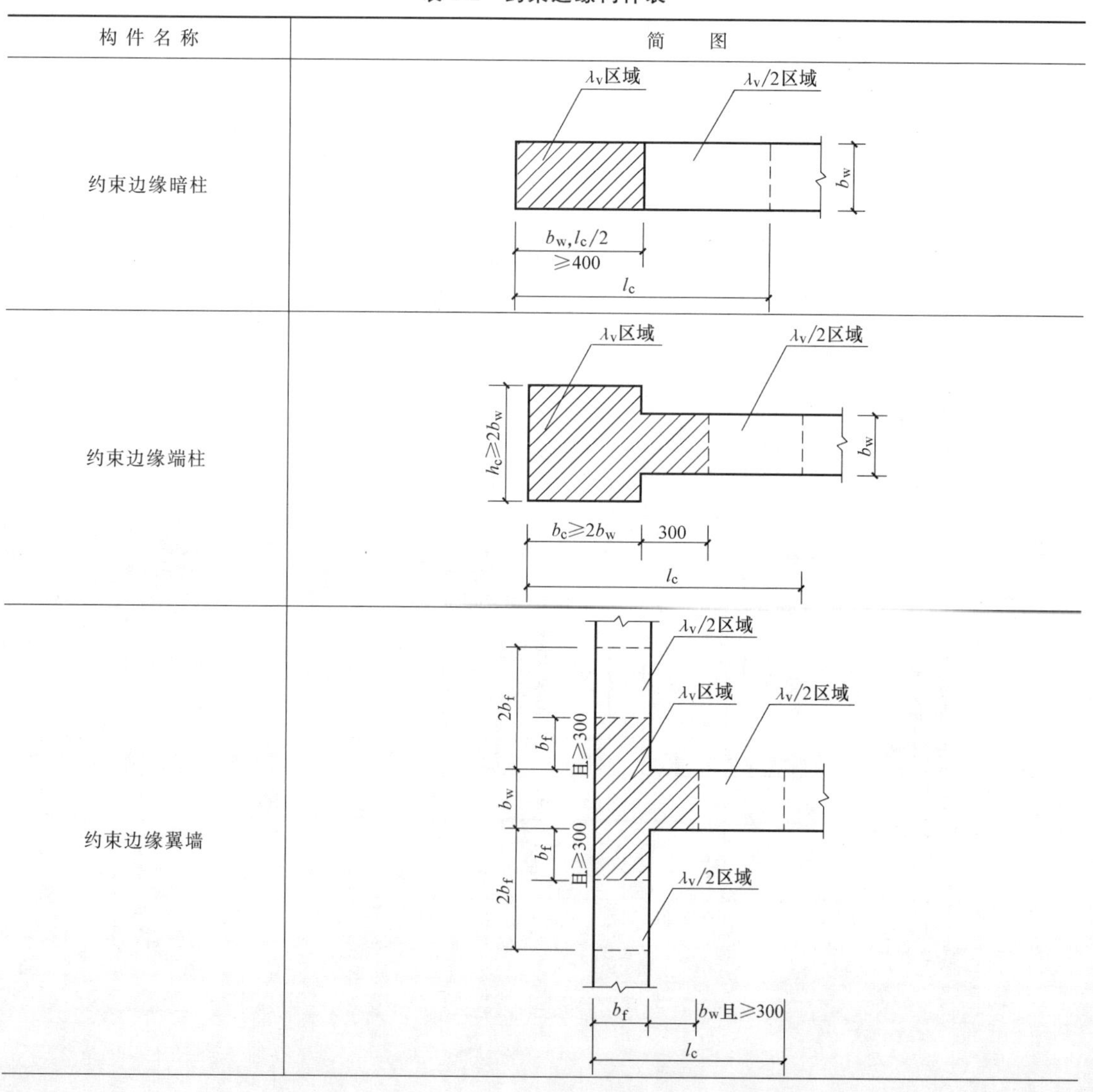

构件名称	简　图
约束边缘暗柱	
约束边缘端柱	
约束边缘翼墙	
(续)	

（续）

构件名称	简图
约束边缘转角墙	$\lambda_v/2$区域 λ_v区域 $\lambda_v/2$区域 l_c b_f 且≥300 b_w b_f b_w 且≥300 l_c

表 6-3　剪力墙构造边缘构件表

构件名称	简图
构造边缘暗柱	≥b_w,≥400 b_w A_c
构造边缘端柱	b_c h_c A_c
构造边缘翼墙	b_f A_c b_w (≥300) ≥b_w,≥b_f 且≥400
构造边缘转角墙	≥200 (≥300) ≥400 ≥200 (≥300) A_c ≥400

注：括号中数值用于高层建筑。

（2）墙身编号，由墙身代号、序号以及墙身所配置的水平与竖向分布钢筋的排数组成，其中，排数注写在括号内。表达形式为：

Q×× (××排)

注：1. 在编号中：如若干墙柱的截面尺寸与配筋均相同，仅截面与轴线的关系不同时，可将其编为同一墙柱号；又如若干墙身的厚度尺寸和配筋均相同，仅墙厚与轴线的关系不同或墙身长度不同时，也可将其编为同一墙身号，但应在图中注明与轴线的几何关系。

2. 当墙身所设置的水平与竖向分布钢筋的排数为2时可不注。

3. 对于分布钢筋网的排数规定：当剪力墙厚度不大于400mm时，应配置双排；当剪力墙厚度大于400mm，但不大于700mm时，宜配置三排；当剪力墙厚度大于700mm时，宜配置四排。

4. 各排水平分布钢筋和竖向分布钢筋的直径与间距宜保持一致。

5. 当剪力墙配置的分布钢筋多于两排时，剪力墙拉筋两端应同时勾住外排水平纵筋和竖向纵筋，还应与剪力墙内排水平纵筋和竖向纵筋绑扎在一起。

(3) 墙梁编号，由墙梁类型代号和序号组成，表达形式应符合表6-4的规定。

表6-4　墙梁编号

墙梁类型	代　号	序　号
连梁	LL	××
连梁(对角暗撑配筋)	LL(JC)	××
连梁(交叉斜筋配筋)	LL(JX)	××
连梁(集中对角斜筋配筋)	LL(DX)	××
连梁(跨高比不小于5)	LLk	××
暗梁	AL	××
边框梁	BKL	××

注：1. 在具体工程中，当某些墙身需设置暗梁或边框梁时，宜在剪力墙平法施工图中绘制暗梁或边框梁的平面布置图并编号，以明确其具体位置。

2. 跨高比不小于5的连梁按框架梁设计时，代号为LLk。

细节：剪力墙洞口的表示方法

无论采用列表注写方式还是截面注写方式，剪力墙上的洞口均可在剪力墙平面布置图上原位表达，具体表示方法。

(1) 在剪力墙平面布置图上绘制洞口示意，并标注洞口中心的平面定位尺寸。

(2) 在洞口中心位置引注：① 洞口编号。② 洞口几何尺寸。③ 洞口中心相对标高。④ 洞口每边补强钢筋，共四项内容。

1) 洞口编号：矩形洞口为JD×× (××为序号)，圆形洞口为YD×× (××为序号)。

2) 洞口几何尺寸：矩形洞口为洞宽×洞高 ($b \times h$)，圆形洞口为洞口直径 D。

3) 洞口中心相对标高，系相对于结构层楼（地）面标高的洞口中心高度。当其高于结构层楼面时为正值，低于结构层楼面时为负值。

4) 洞口每边补强钢筋，分以下几种不同情况：

① 当矩形洞口的洞宽、洞高均不大于800mm时，此项注写为洞口每边补强钢筋的具体数据。当洞宽、洞高方向补强钢筋不一致时，分别注写洞宽方向、洞高方向补强钢筋，以

“/”分隔，如图 6-5 所示。

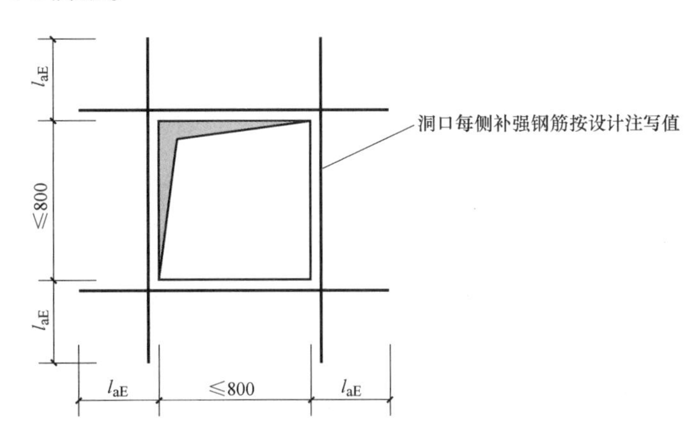

图 6-5　矩形洞宽和洞高均不大于 800mm 时洞口补强钢筋构造

【例 6-1】 JD2　400×300　+3.100　3⌀14，表示 2 号矩形洞口，洞宽 400mm，洞高 300mm，洞口中心距本结构层楼面 3100mm，洞口每边补强钢筋为 3⌀14。

【例 6-2】 JD3　400×300　+3.100，表示 3 号矩形洞口，洞宽 400mm，洞高 300mm，洞口中心距本结构层楼面 3100mm，洞口每边补强钢筋按构造配置。

【例 6-3】 JD4　800×300　+3.100　3⌀18/3⌀14，表示 4 号矩形洞口，洞宽 800mm，洞高 300mm，洞口中心距本结构层楼面 3100mm，洞宽方向补强钢筋为 3⌀18，洞高方向补强钢筋为 3⌀14。

② 当矩形或圆形洞口的洞宽或直径大于 800mm 时，在洞口的上、下需设置补强暗梁，此项注写为洞口上、下每边暗梁的纵筋与箍筋的具体数值（在标准构造详图中，补强暗梁梁高一律定为 400mm，施工时按标准构造详图取值，设计不注。当设计者采用与该构造详图不同的做法时，应另行注明），圆形洞口时尚需注明环向加强钢筋的具体数值；当洞口上、下边为剪力墙连梁时，此项免注；洞口竖向两侧设置边缘构件时，亦不在此项表达（当洞口两侧不设置边缘构件时，设计者应给出具体做法）。如图 6-6、图 6-7 所示。

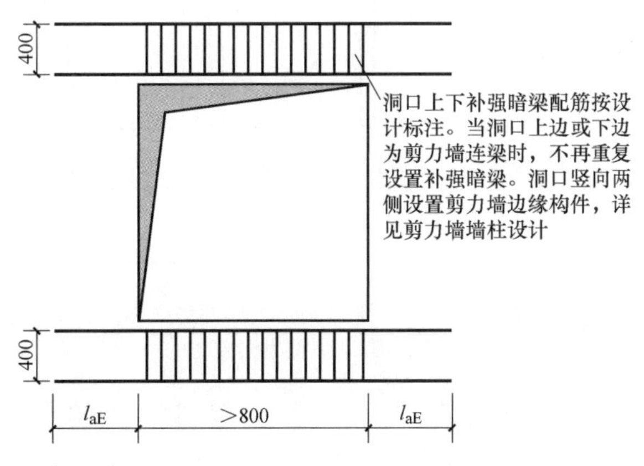

图 6-6　矩形洞宽和洞高均大于 800mm 时洞口补强暗梁构造

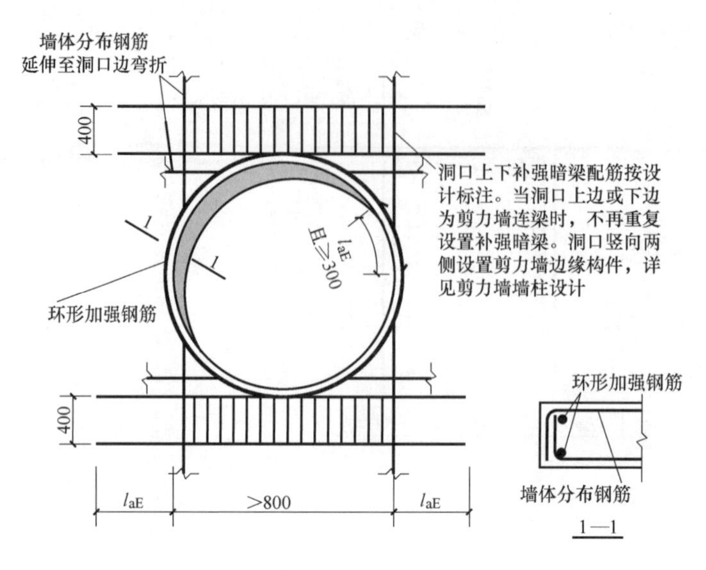

图 6-7　剪力墙圆形洞口直径大于 800mm 时补强钢筋构造

【例 6-4】 JD5　1000×900　+1.400　6⌀20　Φ8@150，表示 5 号矩形洞口，洞宽 1000mm，洞高 900mm，洞口中心距本结构层楼面 1400mm，洞口上下设补强暗梁，每边暗梁纵筋为 6⌀20，箍筋为Φ8@150。

【例 6-5】 YD5　1000　+1.800　6⌀20　Φ8@150　2⌀16，表示 5 号圆形洞口，直径 1000mm，洞口中心距本结构层楼面 1800mm，洞口上下设补强暗梁，每边暗梁纵筋为 6⌀20，箍筋为Φ8@150，环向加强钢筋 2⌀16。

③ 当圆形洞口设置在连梁中部 1/3 范围（且圆洞直径不应大于 1/3 梁高）时，需注写在圆洞上下水平设置的每边补强纵筋与箍筋，如图 6-8 所示。

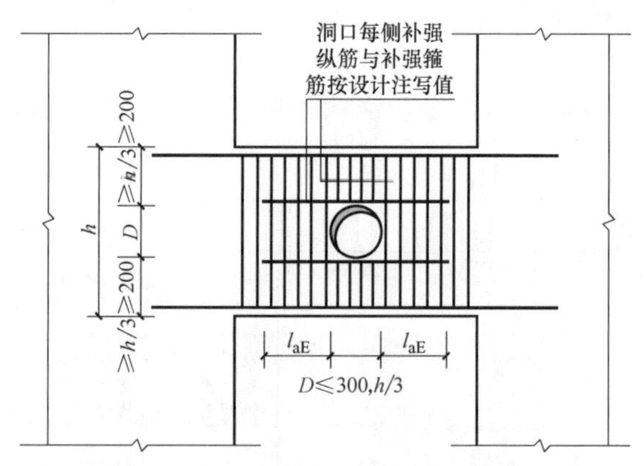

图 6-8　连梁中部圆形洞口补强钢筋构造
（图形洞口预埋钢套管）

④ 当圆形洞口设置在墙身或暗梁、边框梁位置，且洞口直径不大于 300mm 时，此项注写为洞口上下左右每边布置的补强纵筋的具体数值，如图 6-9 所示。

⑤ 当圆形洞口直径大于 300mm，但不大于 800mm 时，此项注写为洞口上下左右每边布

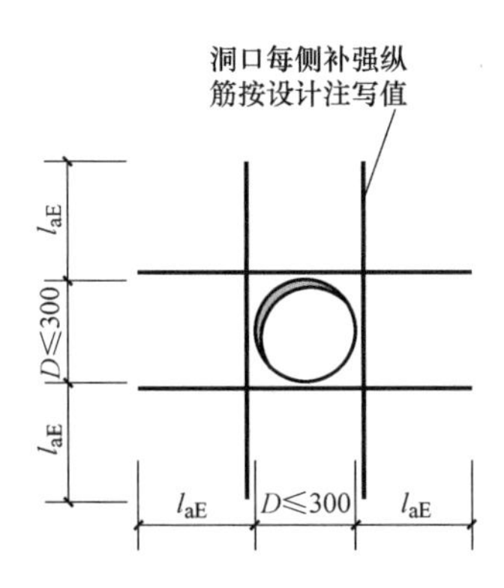

图 6-9　剪力墙圆形洞口直径不大于 300mm 时补强钢筋构造

置的补强钢筋的具体数值，以及环向加强钢筋的具体数值，如图 6-10 所示。

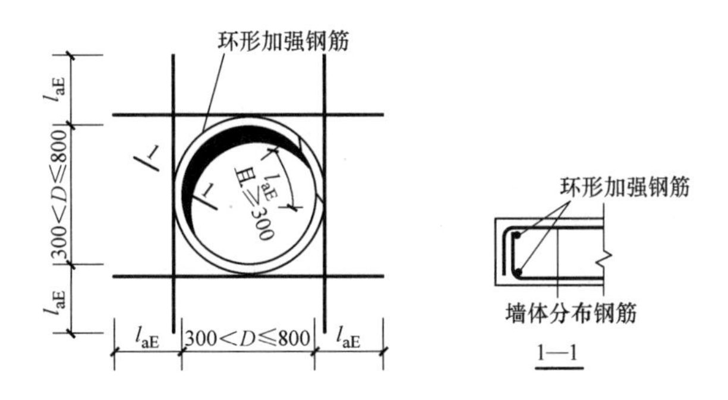

图 6-10　剪力墙圆形洞口直径大于 300mm 且小于或等于 800mm 时补强钢筋构造

细节：地下室外墙的表示方法

（1）地下室外墙仅适用于起挡土作用的地下室外围护墙。地下室外墙中墙柱、连梁及洞口等的表示方法同地上剪力墙。

（2）地下室外墙编号，由墙身代号、序号组成。表达如下：

DWQ××

（3）地下室外墙平面注写方式，包括集中标注墙体编号、厚度、贯通筋、拉筋等和原位标注附加非贯通筋等两部分内容。当仅设置贯通筋，未设置附加非贯通筋时，则仅做集中标注。

（4）地下室外墙的集中标注，规定如下：

1）注写地下室外墙编号，包括代号、序号、墙身长度（注为××~××轴）。

2）注写地下室外墙厚度 b_w = ×××。

3）注写地下室外墙的外侧、内侧贯通筋和拉筋。

① 以 OS 代表外墙外侧贯通筋。其中，外侧水平贯通筋以 H 打头注写，外侧竖向贯通筋以 V 打头注写。

② 以IS代表外墙内侧贯通筋。其中，内侧水平贯通筋以H打头注写，内侧竖向贯通筋以V打头注写。

③ 以tb打头注写拉结筋直径、强度等级及间距，并注明“矩形”或“梅花”。

【例6-6】 DWQ2（①~⑥），$b_w=300$

OS：H⌀18@200，V⌀20@200

IS：H⌀16@200，V⌀18@200

tb：ϕ6@400@400矩形

表示2号外墙，长度范围为①~⑥之间，墙厚为300mm；外侧水平贯通筋为⌀18@200，竖向贯通筋为⌀20@200；内侧水平贯通筋为⌀16@200，竖向贯通筋为⌀18@200；拉结筋为ϕ6，矩形布置，水平间距为400mm，竖向间距为400mm。

（5）地下室外墙的原位标注，主要表示在外墙外侧配置的水平非贯通筋或竖向非贯通筋。

当配置水平非贯通筋时，在地下室墙体平面图上原位标注。在地下室外墙外侧绘制粗实线段代表水平非贯通筋，在其上注写钢筋编号并以H打头注写钢筋强度等级、直径、分布间距，以及自支座中线向两边跨内的伸出长度值。当自支座中线向两侧对称伸出时，可仅在单侧标注跨内伸出长度，另一侧不注，此种情况下非贯通筋总长度为标注长度的2倍。边支座处非贯通筋的伸出长度值从支座外边缘算起。

地下室外墙外侧非贯通筋通常采用“隔一布一”方式与集中标注的贯通筋间隔布置，其标注间距应与贯通筋相同，两者组合后的实际分布间距为各自标注间距的1/2。

当在地下室外墙外侧底部、顶部、中层楼板位置配置竖向非贯通筋时，应补充绘制地下室外墙竖向剖面图并在其上原位标注。表示方法为在地下室外墙竖向剖面图外侧绘制粗实线段代表竖向非贯通筋，在其上注写钢筋编号并以V打头注写钢筋强度等级、直径、分布间距，以及向上（下）层的伸出长度值，并在外墙竖向剖面图名下注明分布范围（××~××轴）。

注：竖向非贯通筋向层内的伸出长度值注写方式：

1. 地下室外墙底部非贯通筋向层内的伸出长度值从基础底板顶面算起。
2. 地下室外墙顶部非贯通筋向层内的伸出长度值从板底面算起。
3. 中层楼板处非贯通筋向层内的伸出长度值从板中间算起，当上下两侧伸出长度值相同时可仅注写一侧。

地下室外墙外侧水平、竖向非贯通筋配置相同者，可仅选择一处注写，其他可仅注写编号。

当在地下室外墙顶部设置水平通长加强钢筋时应注明。

设计时应注意：

1）设计者应根据具体情况判定扶壁柱或内墙是否作为墙身水平方向的支座，以选择合理的配筋方式。

2）在“顶板作为外墙的简支支承”和“顶板作为外墙的弹性嵌固支承（墙外侧竖向钢筋与板上部纵向受力钢筋搭接连接）”两种做法中，设计者应在施工图中指定选用何种做法。

（6）采用平面注写方式表达的地下室外墙平法施工图示例如图6-11所示。

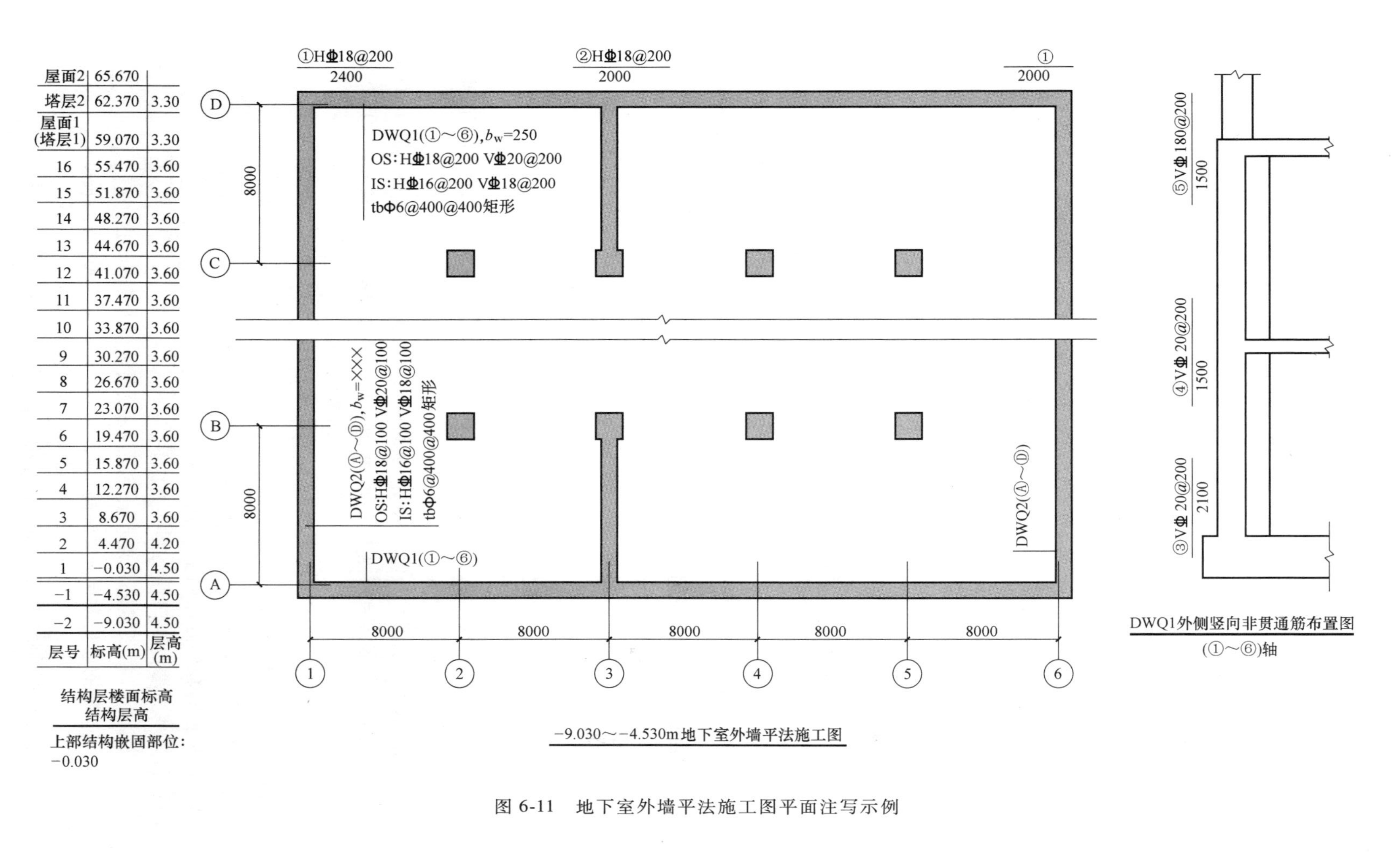

层号	标高(m)	层高(m)
屋面2	65.670	
塔层2	62.370	3.30
屋面1(塔层1)	59.070	3.30
16	55.470	3.60
15	51.870	3.60
14	48.270	3.60
13	44.670	3.60
12	41.070	3.60
11	37.470	3.60
10	33.870	3.60
9	30.270	3.60
8	26.670	3.60
7	23.070	3.60
6	19.470	3.60
5	15.870	3.60
4	12.270	3.60
3	8.670	3.60
2	4.470	4.20
1	−0.030	4.50
−1	−4.530	4.50
−2	−9.030	4.50

图 6-11 地下室外墙平法施工图平面注写示例

细节：剪力墙身钢筋翻样

1. 基础剪力墙身钢筋计算

（1）插筋翻样

$$短剪力墙身插筋长度=锚固长度+搭接长度\ 1.2l_{aE}$$

$$长剪力墙身插筋长度=锚固长度+搭接长度\ 1.2l_{aE}+500+搭接长度\ 1.2l_{aE}$$

$$插筋总根数=\left[\frac{剪力墙身净长-2\times插筋间距}{插筋间距}+1\right]\times排数$$

（2）基础层剪力墙身水平筋翻样。剪力墙身水平钢筋包括水平分布筋、拉筋形式。

剪力墙水平分布筋有外侧钢筋和内侧钢筋两种形式，当剪力墙有两排以上钢筋网时，最外一层按外侧钢筋计算，其余则均按内侧钢筋计算。

1）水平分布筋翻样

$$外侧水平筋长度=墙外侧长度-2\times保护层+15d\times n$$

$$内侧水平筋长度=墙外侧长度-2\times保护层+15d\times2-外侧钢筋直径\ d\times2-25\times2$$

$$基本层水平筋根数=\left[\frac{基础高度-基础保护层}{500}+1\right]\times排数$$

2）拉筋翻样

$$基础层拉筋根数=\left[\frac{墙净长-竖向插筋间距\times2}{拉筋间距}+1\right]\times基础水平筋排数$$

2. 中间层剪力墙身钢筋翻样

中间层剪力墙身钢筋翻样有竖向分布筋与水平分布筋。

（1）竖向分布筋翻样

$$长度=中间层层高+1.2l_{aE}$$

$$根数=\left(\frac{剪力墙身长-2\times竖向分布筋间距}{竖向分布筋间距}+1\right)\times排数$$

（2）水平分布筋翻样。水平分布筋翻样，无洞口时计算方法与基础层相同；有洞口时水平分布筋翻样方法为：

$$外侧水平筋长度=外侧墙长度(减洞口长度后)-2\times保护层+15d\times2+15d\times n$$

$$内侧水平筋长度=外侧墙长度(减洞口长度后)-2\times保护层+15d\times2+15d\times2$$

$$水平筋根数=\left(\frac{布筋范围-50}{墙身水平筋间距}+1\right)\times排数$$

3. 顶层剪力墙钢筋翻样

顶层剪力墙身钢筋翻样有竖向分布筋与水平分布筋。

（1）水平钢筋翻样方法同中间层。

（2）顶层剪力墙身竖向钢筋翻样方法

$$长钢筋长度=顶层层高-顶层板厚+锚固长度\ l_{aE}$$

$$短钢筋长度=顶层层高-顶层板厚-1.2l_{aE}-500+锚固长度\ l_{aE}$$

$$根数=\left[\frac{剪力墙净长-竖向分布筋间距\times2}{竖向分布筋间距}+1\right]\times排数$$

4. 剪力墙身变截面处钢筋翻样方法

剪力墙变截面处钢筋的锚固包括两种形式：倾斜锚固及当前锚固与插筋组合。根据剪力墙变截面钢筋的构造措施，可知剪力墙纵筋的计算方法。

变截面处倾斜锚入上层的纵筋翻样方法：

$$变截面倾斜纵筋长度=层高+斜度延伸值+搭接长度\ 1.2l_{aE}$$

变截面处倾斜锚入上层的纵筋长度计算方法：

$$当前锚固纵筋长度=层高-板保护层+墙厚-2\times墙保护层$$

$$插筋长度=锚固长度\ 1.5l_{aE}+搭接长度\ 1.2l_{aE}$$

5. 剪力墙拉筋翻样

$$根数=\frac{剪力墙总面积-洞口面积-边框梁面积}{拉筋间距\times拉筋间距}$$

细节：剪力墙柱钢筋翻样

1. 基础层插筋翻样

剪力墙柱的钢筋翻样包括各种构造边缘构件和约束边缘构件的纵筋（基础层插筋、中间层纵筋、顶层纵筋、变截面纵筋）、箍筋和拉筋形式。本节以暗柱为代表介绍其翻样方法。其他墙柱形式的翻样基本相同。

墙柱基础插筋如图 6-12、图 6-13 所示，翻样方法为：

$$插筋长度=插筋锚固长度+基础外露长度$$

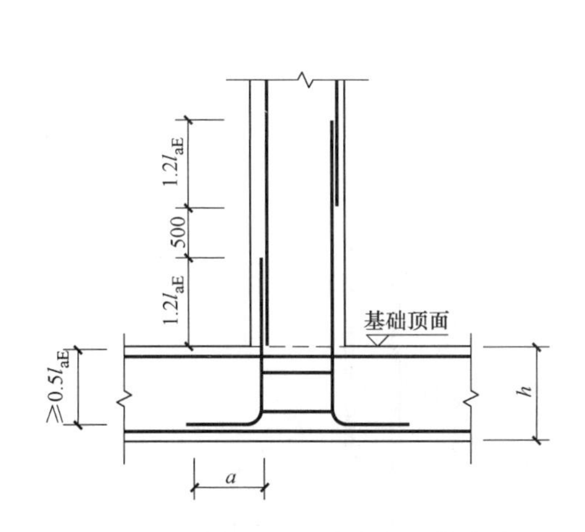

图 6-12　暗柱基础插筋绑扎连接构造

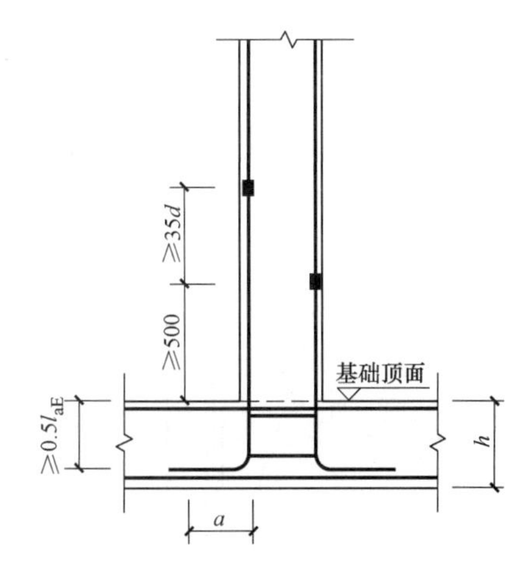

图 6-13　暗柱基础插筋机械连接构造

2. 中间层纵筋翻样

中间层纵筋如图 6-14、图 6-15 所示，翻样方法为：

绑扎连接时：

$$纵筋长度=中间层层高+1.2l_{aE}$$

机械连接时：

$$纵筋长度=中间层层高$$

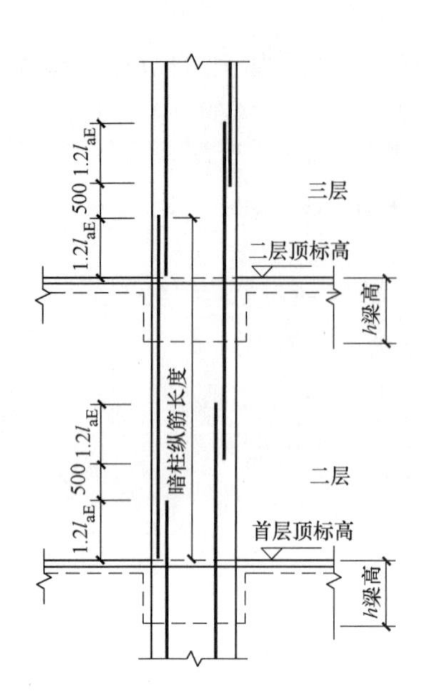

图 6-14　暗柱中间层纵筋绑扎连接构造图

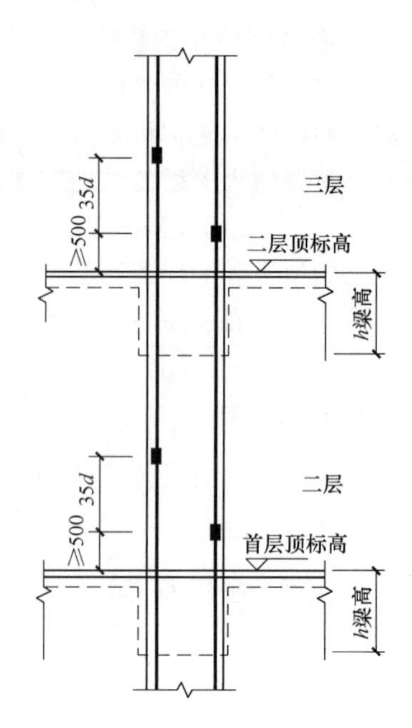

图 6-15　暗柱中间层纵筋机械连接构造

3. 顶层纵筋计算

顶层纵筋如图 6-16、图 6-17 所示，翻样方法为：

绑扎连接时：

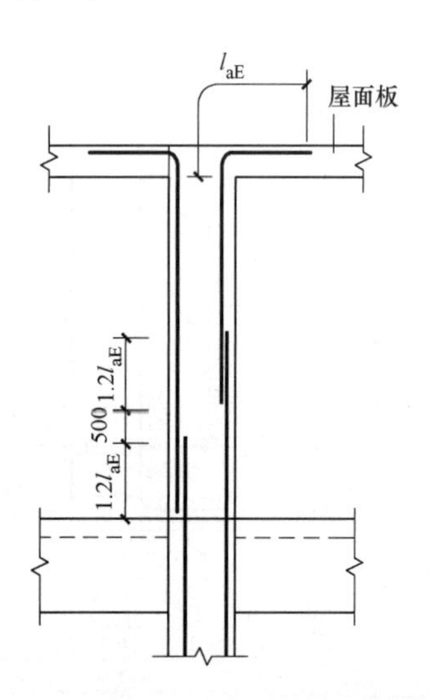

图 6-16　暗柱顶层纵筋绑扎连接构造

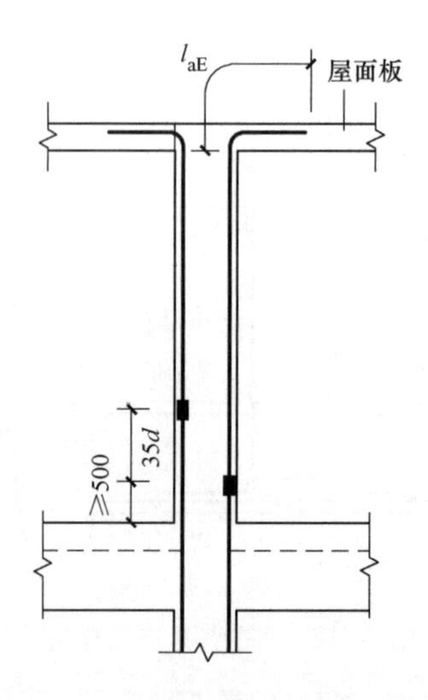

图 6-17　暗柱顶层纵筋机械连接构造

与短筋连接的钢筋长度 = 顶层层高 − 顶层板厚 + 顶层锚固总长度 l_{aE}

与长筋连接的钢筋长度 = 顶层层高 − 顶层板厚 −（1.2l_{aE} + 500）+ 顶层锚固总长度 l_{aE}

机械连接时：

与短筋连接的钢筋长度 = 顶层层高 − 顶层板厚 − 500 + 顶层锚固总长度 l_{aE}

与长筋连接的钢筋长度 = 顶层层高 − 顶层板厚 − 500 − 35d + 顶层锚固总长度 l_{aE}

4. 变截面纵筋翻样

当墙柱采用绑扎连接接头时，其锚固形式如图 6-18 所示。

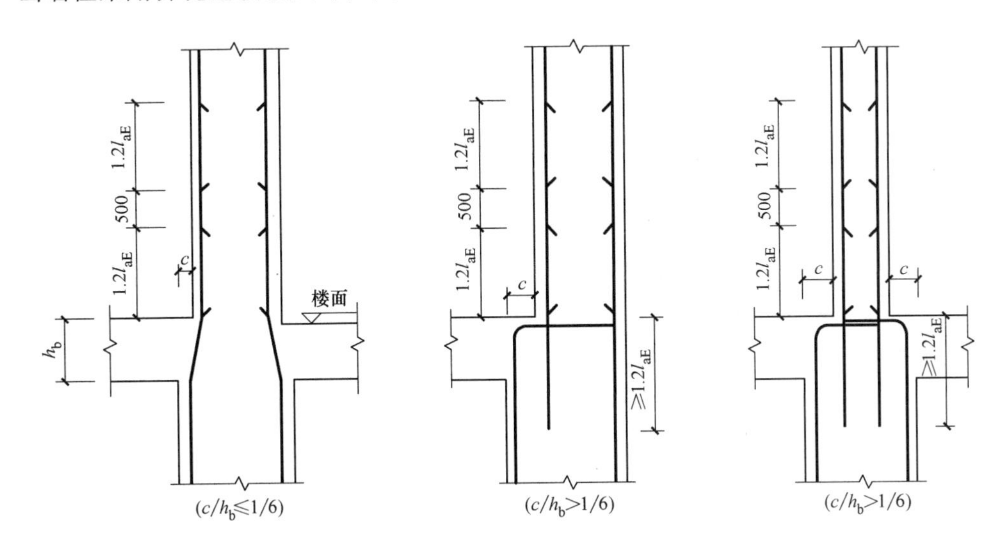

图 6-18　变截面纵筋绑扎连接

（1）一边截断

长纵筋长度=层高-保护层厚度+弯折(墙厚-2×保护层厚度)

短纵筋长度=层高-保护层厚度-1.2l_{aE}-500+弯折(墙厚-2×保护层厚度)

仅墙柱的一侧插筋，数量为墙柱的一半。

长插筋长度=1.2l_{aE}+2.4l_{aE}+500

短插筋长度=1.2l_{aE}+1.2l_{aE}

（2）两边截断

长纵筋长度=层高-保护层厚度+弯折(墙厚-c-2×保护层厚度)

短纵筋长度=层高-保护层厚度-1.2l_{aE}-500+弯折(墙厚-c-2×保护层厚度)

上层墙柱全部插筋：

长插筋长度=1.2l_{aE}+2.4l_{aE}+500

短插筋长度=1.2l_{aE}+1.2l_{aE}

变截面层箍筋=(2.4l_{aE}+500)/min(5d,100)+1+(层高-2.4l_{aE}-500)/箍筋间距

变截面层拉箍筋数量=变截面层箍筋数量×拉筋水平排数

5. 墙柱箍筋翻样

（1）基础插筋箍筋根数

根数=(基础高度-基础保护层厚度)/500+1

（2）底层、中间层、顶层箍筋根数

绑扎连接时：

根数=(2.4l_{aE}+500-50)/加密间距+(层高-搭接范围)/间距+1

机械连接时：

根数=(层高-50)/箍筋间距+1

6. 拉筋翻样

（1）基础拉筋根数

$$基础层拉筋根数=\left[\frac{基础高度-基础保护层厚度\ c}{500}+1\right]\times 每排拉筋根数$$

（2）底层、中间层、顶层拉筋根数

$$基础拉筋根数=\left[\frac{层高-50}{间距}+1\right]\times 每排拉筋根数$$

细节：剪力墙连梁钢筋翻样

1. 剪力墙单洞口连梁钢筋翻样

中间层单洞口连梁（图6-19）钢筋翻样方法：

$$连梁纵筋长度=左锚固长度+洞口长度+右锚固长度$$

$$箍筋根数=\frac{洞口宽度-2\times 50}{间距}+1$$

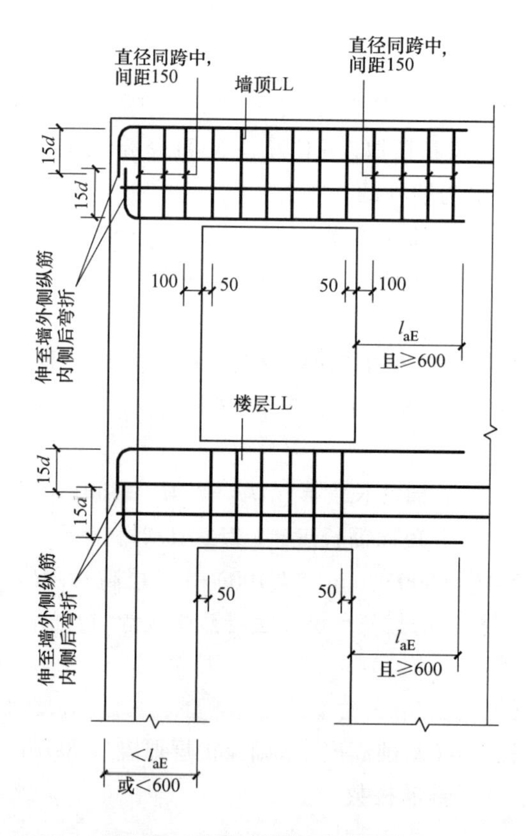

图6-19　剪力墙端部单洞口连梁

顶层单洞口连梁钢筋翻样方法：

$$连梁纵筋长度=左锚固长度+洞口长度+右锚固长度$$

箍筋根数 = 左墙肢内箍筋根数 + 洞口上箍筋根数 + 右墙肢内箍筋根数

$$= \frac{\text{左侧锚固长度水平段} - 100}{150} + 1 + \frac{\text{洞口宽度} - 2\times50}{\text{间距}} + 1 + \frac{\text{右侧锚固长度水平段} - 100}{150} + 1$$

2. 剪力墙双洞口连梁钢筋翻样

中间层双洞口连梁钢筋翻样方法：

连梁纵筋长度 = 左锚固长度 + 两洞口宽度 + 洞口墙宽度 + 右锚固长度

$$\text{箍筋根数} = \frac{\text{洞口 1 宽度} - 2\times50}{\text{间距}} + 1 + \frac{\text{洞口 2 宽度} - 2\times50}{\text{间距}} + 1$$

顶层双洞口连梁钢筋翻样方法：

连梁纵筋长度 = 左锚固长度 + 两洞口宽度 + 洞间墙宽度 + 右锚固长度

$$\text{箍筋根数} = \frac{\text{左锚固长度} - 100}{150} + 1 + \frac{\text{两洞口宽度} + \text{洞间墙} - 2\times50}{\text{间距}} + 1 + \frac{\text{右锚固长度} - 100}{150} + 1$$

3. 剪力墙连梁拉筋翻样

$$\text{拉筋根数} = \left(\frac{\text{连梁净宽} - 2\times50}{\text{箍筋间距}\times2} + 1\right) \times \left(\frac{\text{连梁高度} - 2\times\text{保护层}}{\text{水平筋间距}\times2} + 1\right)$$

第7章　楼梯钢筋翻样与下料

细节：现浇混凝土板式楼梯的分类

现浇混凝土板式楼梯包含12种类型，详见表7-1。

表7-1　楼梯类型

梯板代号	适用范围		是否参与结构整体抗震计算
	抗震构造措施	适用结构	
AT	无	剪力墙、砌体结构	不参与
BT			
CT	无	剪力墙、砌体结构	不参与
DT			
ET	无	剪力墙、砌体结构	不参与
FT			
GT	无	剪力墙、砌体结构	不参与
ATa	有	框架结构、框剪结构中框架部分	不参与
ATb			不参与
ATc			参与
CTa	有	框架结构、框剪结构中框架部分	不参与
CTb			不参与

注：ATa、CTa低端设滑动支座支承在梯梁上：ATb、CTb低端设滑动支座支承在挑板上。

细节：AT~ET型板式楼梯的特征

(1) AT~ET型板式楼梯代号代表一段带上下支座的梯板。梯板的主体为踏步段，除踏步段之外，梯板可包括低端平板、高端平板以及中位平板。

(2) AT~ET各型梯板的截面形状为：

AT型梯板全部由踏步段构成，如图7-1所示。

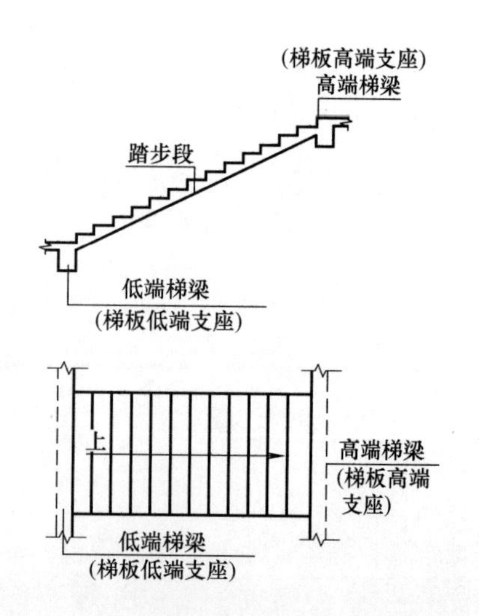

图7-1　AT型楼梯截面形状与支座位置

BT型梯板由低端平板和踏步段构成如图7-2所示。

CT型梯板由踏步段和高端平板构成

如图 7-3 所示。

DT 型梯板由低端平板、踏步板和高端平板构成，如图 7-4 所示。

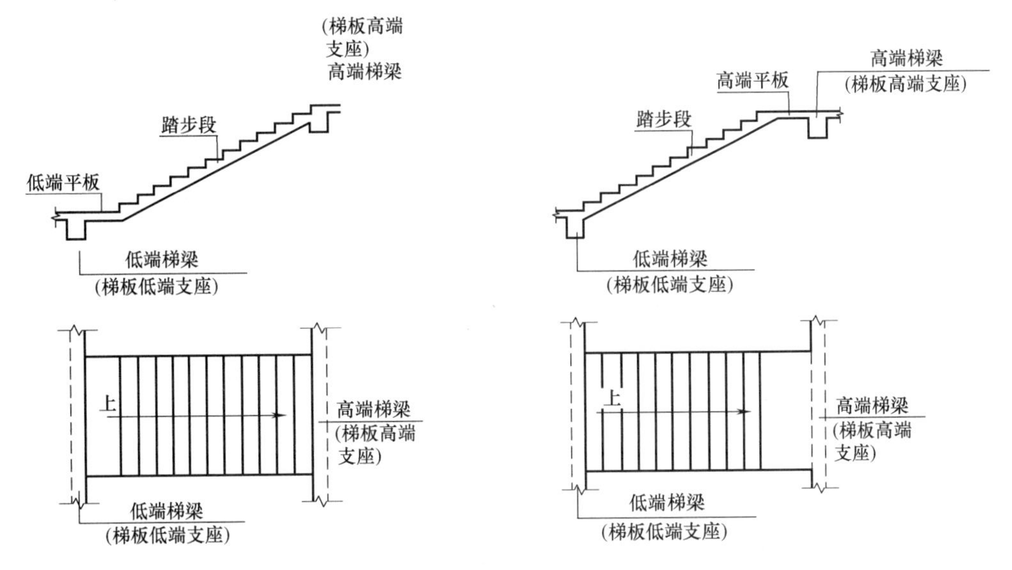

图 7-2　BT 型楼梯截面形状与支座位置

图 7-3　CT 型楼梯截面形状与支座位置

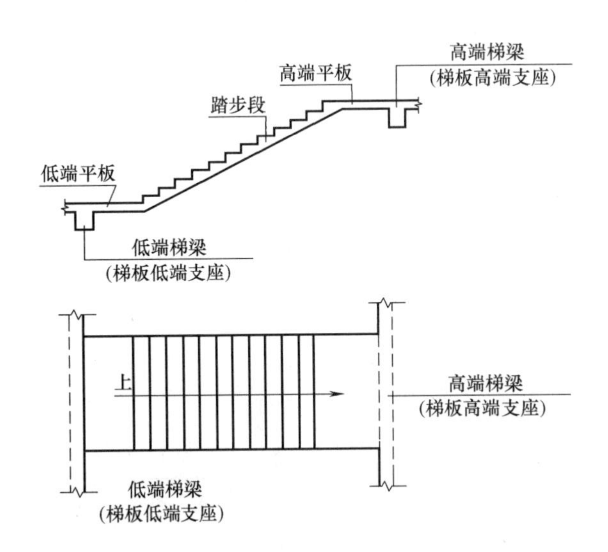

图 7-4　DT 型楼梯截面形状与支座位置

ET 型梯板由低端踏步段、中位平板和高端踏步段构成，如图 7-5 所示。

(3) AT~ET 型梯板的两端分别以（低端和高端）梯梁为支座。

(4) AT~ET 型梯板的型号、板厚、上下部纵向钢筋及分布钢筋等内容应在平法施工图中注明。梯板上部纵向钢筋向跨内伸出的水平投影长度见相应的标准构造详图，设计不注，但设计者应予以校核；当标准构造详图规定的水平投影长度不满足具体工程要求时，应由设计者另行注明。

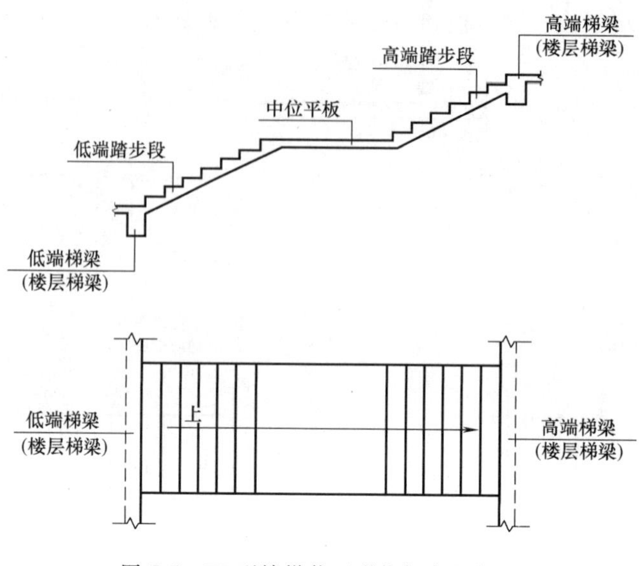

图 7-5　ET 型楼梯截面形状与支座位置

细节：FT、GT 型板式楼梯的特征

（1）FT、GT 每个代号代表两跑踏步段和连接它们的楼层平板及层间平板。

（2）FT、GT 型梯板的构成分两类：

第一类：FT 型（图 7-6），由层间平板、踏步段和楼层平板构成。

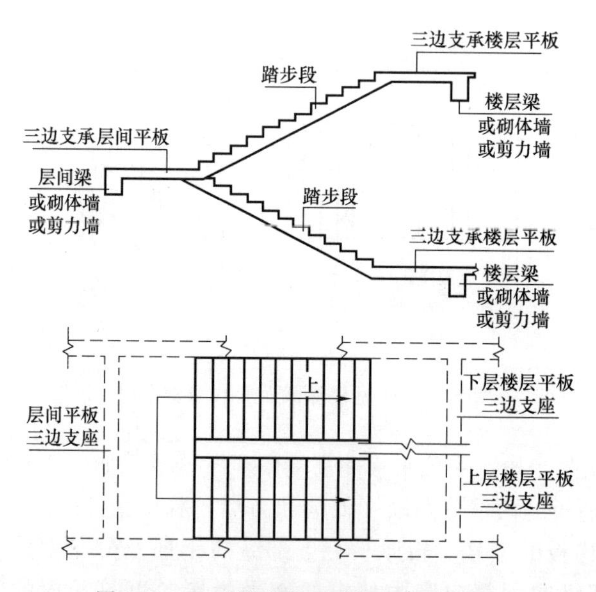

图 7-6　FT 型楼梯截面形状与支座位置

第二类：GT 型（图 7-7），由层间平板和踏步段构成。

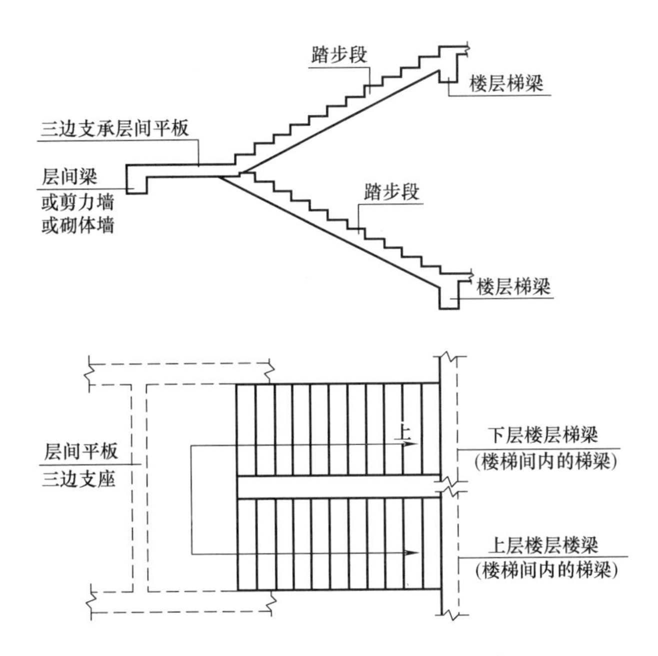

图 7-7　GT 型楼梯截面形状与支座位置

(3) FT、GT 型梯板的支承方式

1) FT 型。梯板一端的层间平板采用三边支承，另一端的楼层平板也采用三边支承。

2) GT 型。梯板一端的层间平板采用三边支承，另一端的梯板段采用单边支承（在梯梁上）。

以上各型梯板的支承方式见表 7-2，如图 7-6、图 7-7 所示。

表 7-2　FT、GT 型梯板支承方式

梯板类型	层间平板端	踏步段端(楼层处)	楼层平板端
FT	三边支承		三边支承
GT	三边支承	单边支承(梯梁上)	

(4) FT、GT 型梯板的型号、板厚、上下部纵向钢筋及分布钢筋等内容由设计者在平法施工图中注明。FT、GT 型平台上部横向钢筋及其外伸长度，在平面图中原位标注。梯板上部纵向钢筋向跨内伸出的水平投影长度见相应的标准构造详图，设计不注，但设计者应予以校核；当标准构造详图规定的水平投影长度不满足具体工程要求时，应由设计者另行注明。

细节：ATa、ATb 型板式楼梯的特征

(1) ATa（图 7-8）、ATb 型（图 7-9）为带滑动支座的板式楼梯，梯板全部由踏步段构成，其支承方式为梯板高端均支承在梯梁上，ATa 型梯板低端带滑动支座支承在梯梁上，ATb 型梯板低端带滑动支座支承在挑板上。

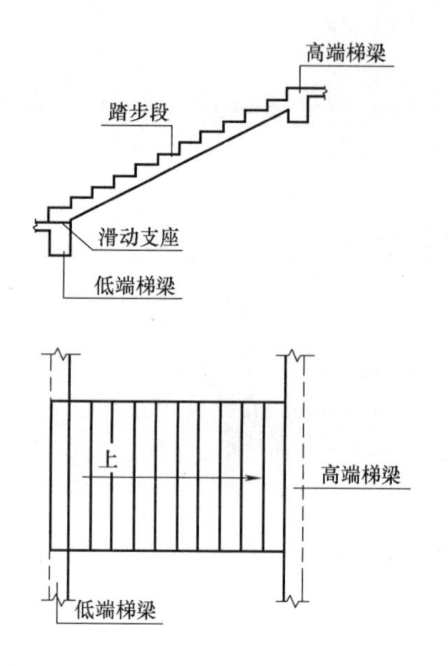

图 7-8 ATa 型楼梯截面形状与支座位置

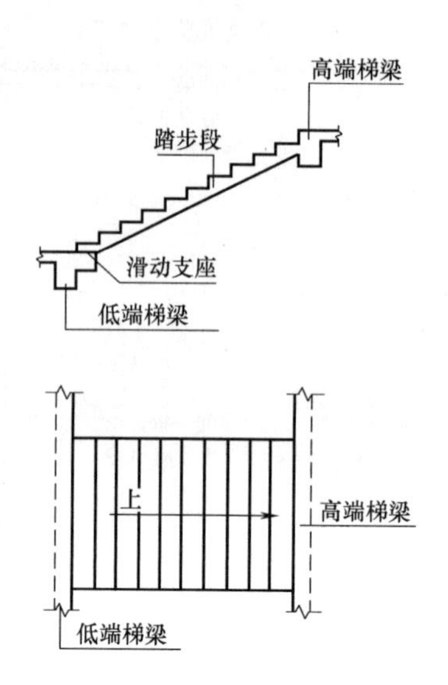

图 7-9 ATb 型楼梯截面形状与支座位置

（2）滑动支座做法如图 7-10、图 7-11 所示，采用何种做法应由设计指定。滑动支座垫板可选用聚四氟乙烯板、钢板和厚度大于或等于 0.5mm 的塑料片，也可选用其他能保证有效滑动的材料，其连接方式由设计者另行处理。

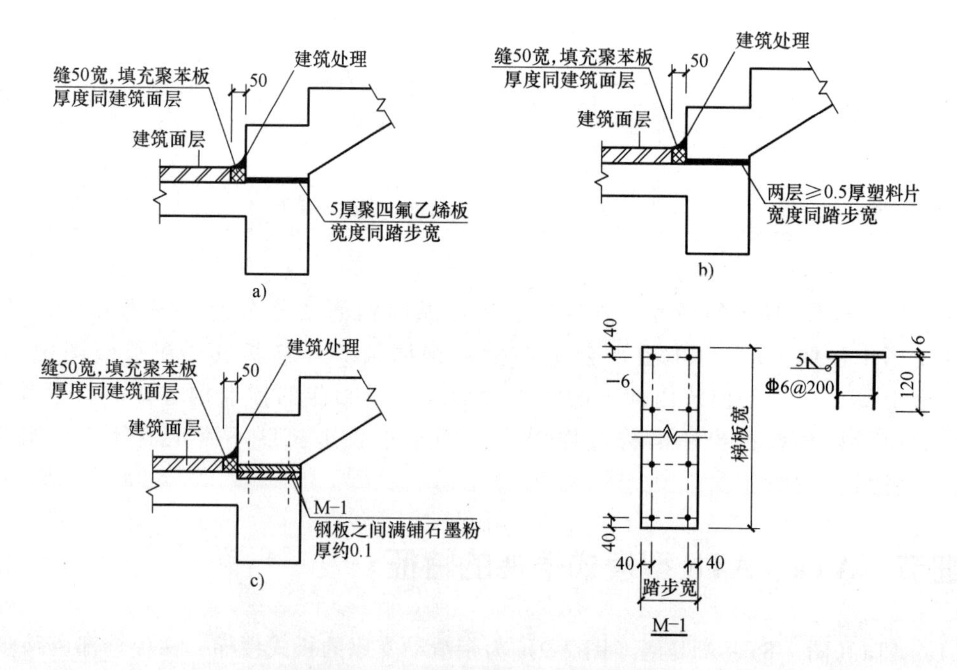

图 7-10 ATa 型楼梯滑动支座构造详图

a）设聚四氟乙烯垫板（用胶粘于混凝土面上） b）设塑料片 c）预埋钢板

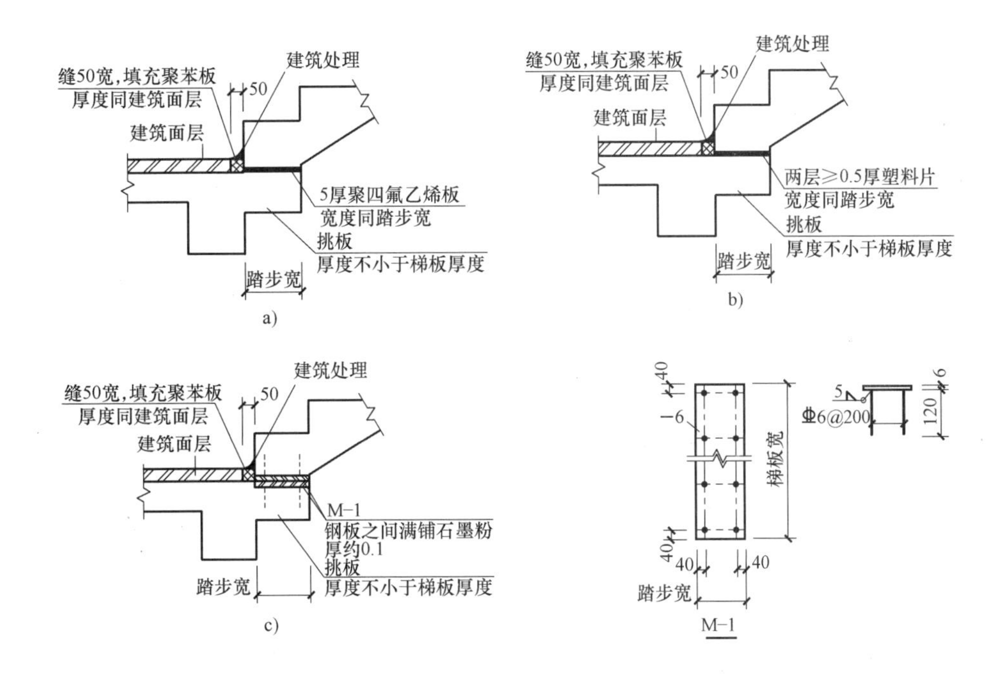

图 7-11　ATb 型楼梯滑动支座构造

a）设聚四氟乙烯垫板（用胶粘于混凝土面上）　b）设塑料片　c）预埋钢板

（3）ATa、ATb 型梯板采用双层双向配筋。

细节：ATc 型板式楼梯的特征

（1）ATc 型梯板全部由踏步段构成，其支承方式为梯板两端均支承在梯梁上，如图 7-12 所示。

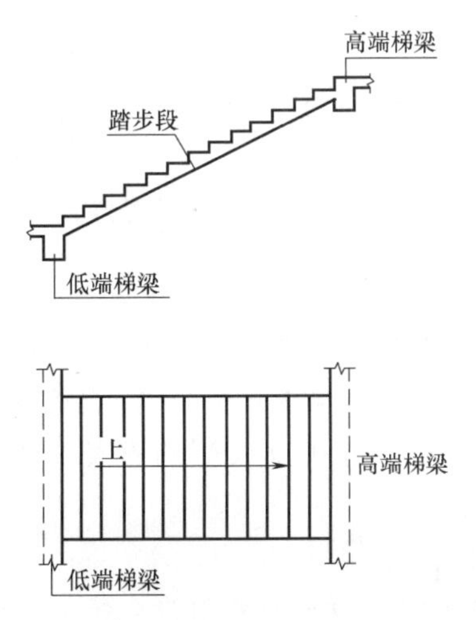

图 7-12　ATc 型楼梯截面形状与支座位置

（2）ATc 楼梯休息平台与主体结构可连接（图 7-13），也可脱开（图 7-14）。

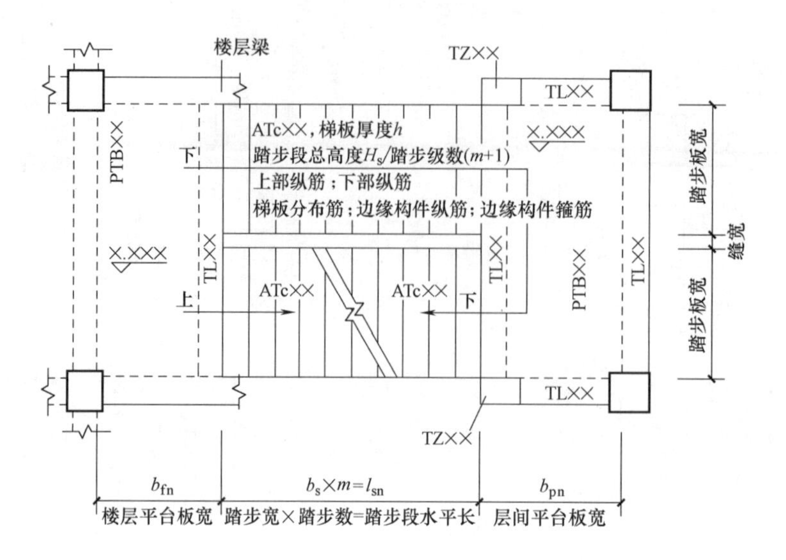

图 7-13　ATc 整体连接构造

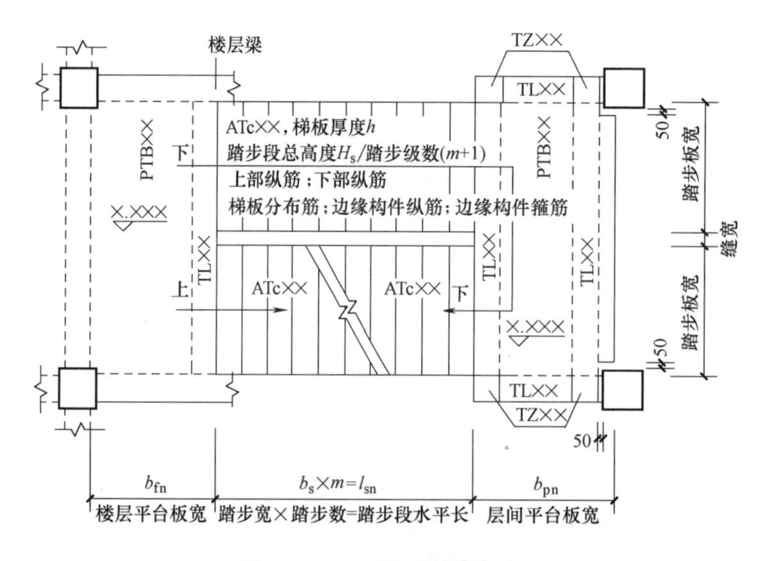

图 7-14　ATc 脱开连接构造

（3）ATc 型楼梯梯板厚度应按计算确定，且不宜小于 140mm；梯板采用双层配筋。

（4）ATc 型梯板两侧设置边缘构件（暗梁），边缘构件的宽度取 1.5 倍板厚；边缘构件纵筋数量，当抗震等级为一、二级时不少于 6 根，当抗震等级为三、四级时不少于 4 根；纵筋直径不小于 ϕ12 且不小于梯板纵向受力钢筋的直径；箍筋直径不小于Φ 6，间距不大于 200mm。

平台板按双层双向配筋。

（5）ATc 型楼梯作为斜撑构件，钢筋均采用符合抗震性能要求的热轧钢筋，钢筋的抗拉强度实测值与屈服强度实测值的比值不应小于 1.25；钢筋的屈服强度实测值与屈服强度标准值的比值不应大于 1.3，且钢筋在最大拉力下的总伸长率实测值不应小于 9%。

细节：CTa、CTb 型板式楼梯的特征

（1）CTa、CTb 型为带滑动支座的板式楼梯，梯板由踏步段和高端平板构成，其支承方式为梯板高端均支承在梯梁上。CTa 型梯板低端带滑动支座支承在梯梁上，如图 7-15 所示，CTb 型梯板低端带滑动支座支承在挑板上，如图 7-16 所示。

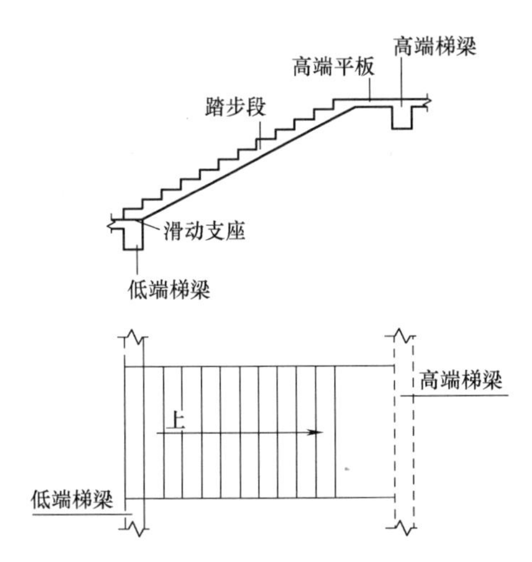

图 7-15　CTa 型楼梯截面形状与支座位置

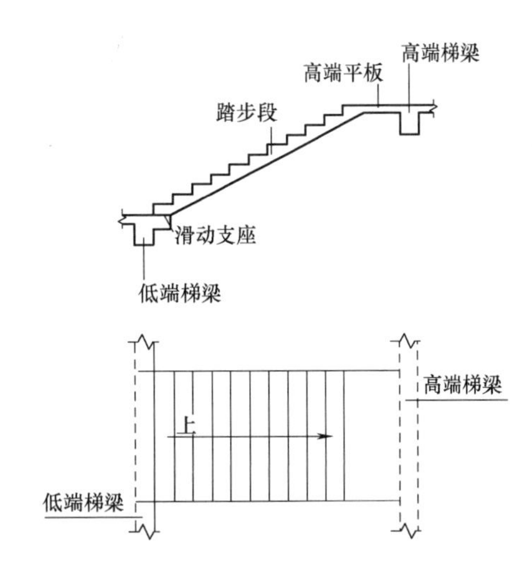

图 7-16　CTb 型楼梯截面形状与支座位置

（2）滑动支座做法如图 7-17、图 7-18 所示，采用何种做法应由设计指定。滑动支座垫板可选用聚四氟乙烯板、钢板和厚度大于或等于 0.5mm 的塑料片，也可选用其他能保证有效滑动的材料，其连接方式由设计者另行处理。

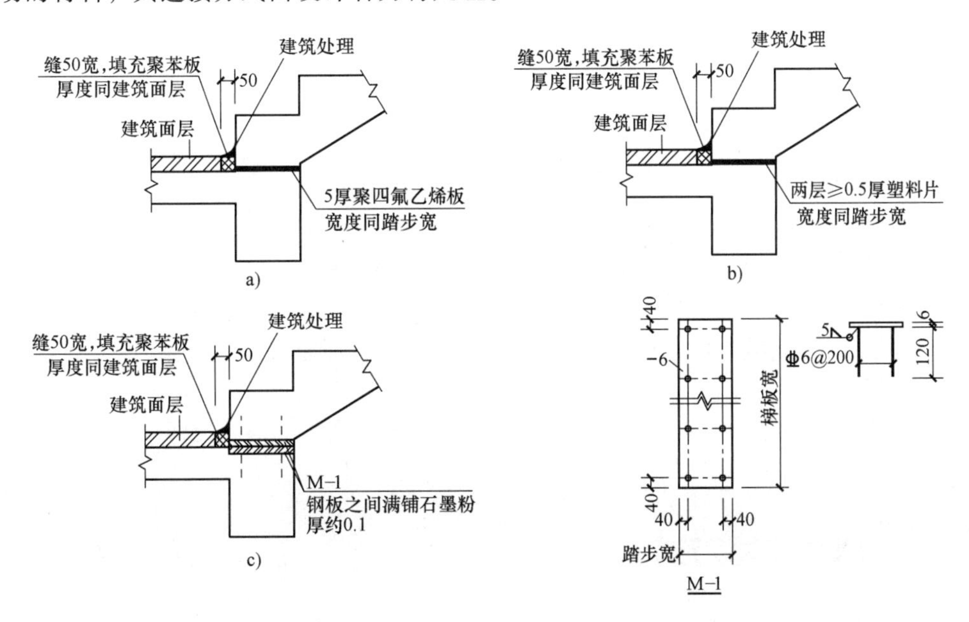

图 7-17　CTa 型楼梯滑动支座构造详图

a）设聚四氟乙烯垫板（用胶粘于混凝土面上）　b）设塑料片　c）预埋钢板

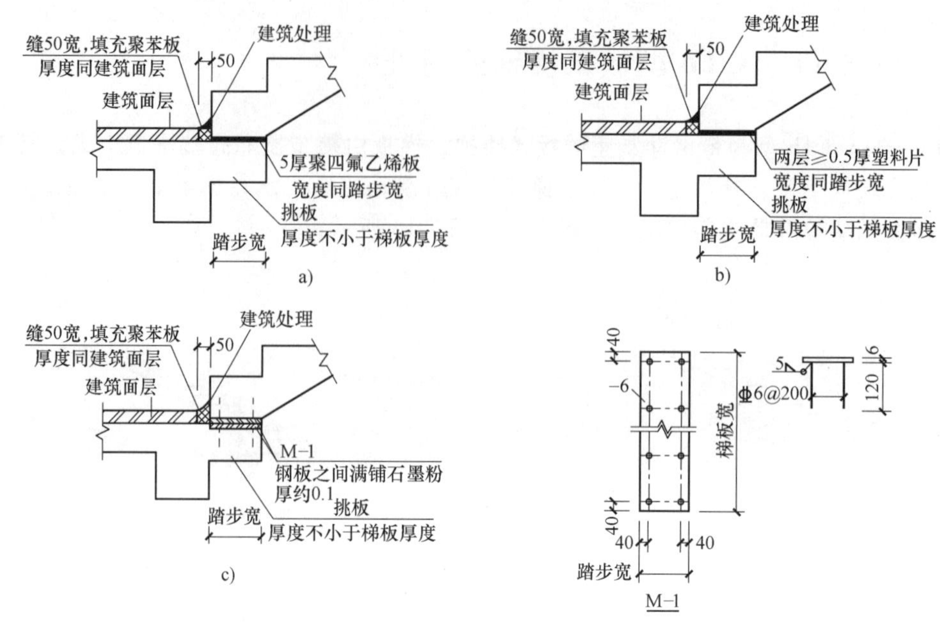

图 7-18　CTb 型楼梯滑动支座构造

a）设聚四氟乙烯垫板（用胶粘于混凝土面上）　b）设塑料片　c）预埋钢板

（3）CTa、CTb 型梯板采用双层双向配筋。

细节：平面注写方式

平面注写方式，是在楼梯平面布置图上注写截面尺寸和配筋具体数值的方式来表达楼梯施工图。包括集中标注和外围标注。

1. 集中标注

楼梯集中标注的内容包括：

（1）梯板类型代号与序号，如 AT××。

（2）梯板厚度，注写方式为 h=×××。当为带平板的梯板且梯段板厚度和平板厚度不同时，可在梯段板厚度后面括号内以字母 P 打头注写平板厚度。

（3）踏步段总高度和踏步级数，之间以“/”分隔。

（4）梯板支座上部纵筋、下部纵筋，之间以“；”分隔。

（5）梯板分布筋，以 F 打头注写分布钢筋具体值，该项也可在图中统一说明。

（6）对于 ATc 型楼梯尚应注明梯板两侧边缘构件纵向钢筋及箍筋。

2. 外围标注

楼梯外围标注的内容，包括楼梯间的平面尺寸、楼层结构标高、层间结构标高、楼梯的上下方向、梯板的平面几何尺寸、平台板配筋、梯梁及梯柱配筋等。

细节：剖面注写方式

剖面注写方式需在楼梯平法施工图中绘制楼梯平面布置图和楼梯剖面图，注写方式分平面注写、剖面注写两部分。

1. 平面注写

楼梯平面布置图注写内容，包括楼梯间的平面尺寸、楼层结构标高、层间结构标高、楼梯的上下方向、梯板的平面几何尺寸、梯板类型及编号、平台板配筋、梯梁及梯柱配筋等。

2. 剖面注写

楼梯剖面图注写内容，包括梯板集中标注、梯梁梯柱编号、梯板水平及竖向尺寸、楼层结构标高、层间结构标高等。

梯板集中标注的内容包括：

（1）梯板类型及编号，如 AT××。

（2）梯板厚度，注写方式为 h=×××。当梯板由踏步段和平板构成，且踏步段梯板厚度和平板厚度不同时，可在梯板厚度后面括号内以字母 P 打头注写平板厚度。

（3）梯板配筋，注明梯板上部纵筋和梯板下部纵筋，用分号“;”将上部与下部纵筋的配筋值分隔开来。

（4）梯板分布筋，以 F 打头注写分布钢筋具体值，该项也可在图中统一说明。

（5）对于 ATc 型楼梯尚应注明梯板两侧边缘构件纵向钢筋及箍筋。

细节：列表注写方式

列表注写方式，系用列表方式注写梯板截面尺寸和配筋具体数值的方式来表达楼梯施工图。

列表注写方式的具体要求同剖面注写方式，仅将剖面注写方式中的梯板集中标注中的梯板配筋注写项改为列表注写项即可。

梯板列表格式见表 7-3。

表 7-3　梯板几何尺寸和配筋

梯板编号	踏步段总高度/踏步级数	板厚 h	上部纵向钢筋	下部纵向钢筋	分布筋

注：对于 ATc 型楼梯尚应注明楼板两侧边缘构件纵向钢筋及箍筋。

细节：AT 型楼梯钢筋翻样

以 AT 楼梯为例分析楼梯板钢筋的计算过程。

AT 楼梯平法标注的一般模式如图 7-19 所示。

1. AT 楼梯板的基本尺寸数据

基本尺寸数据有：梯板跨度 l_n、梯板宽度 b_n、梯板厚度 h、踏步宽度 b_s、踏步高度 h_s。

2. 楼梯板钢筋计算中可能用到的系数

斜坡系数 k（在钢筋计算中，经常需要通过）

$$斜长=水平投影长度\times斜坡系数\ k$$

其中，斜坡系数可以通过踏步宽度和踏步高度来进行计算（图 7-19）

$$斜坡系数\ k=\sqrt{b_s^2+h_s^2}/b_s$$

图 7-20 为 AT 楼梯板钢筋构造图。下面根据 AT 楼梯板钢筋构造图来分析 AT 楼梯板钢

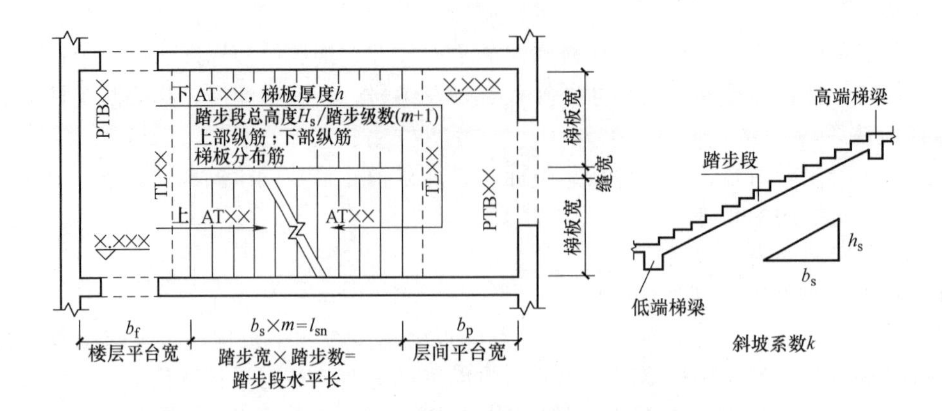

图 7-19　AT 楼梯平法标注的一般模式

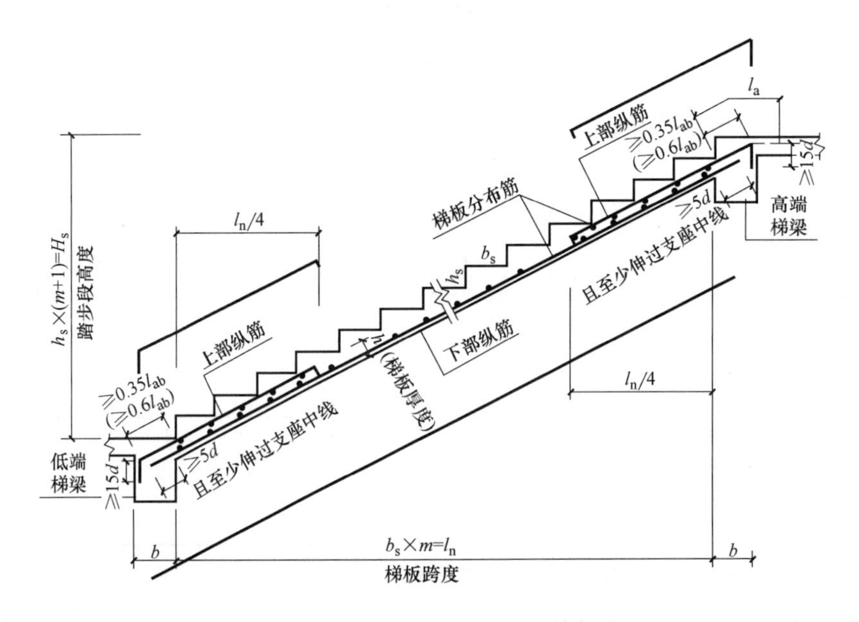

图 7-20　AT 楼梯板钢筋构造

筋计算过程。

3. AT 楼梯板的纵向受力钢筋

（1）梯板下部纵筋位于 AT 踏步段斜板的下部，其计算依据为梯板经跨度 l_n。且其两端分别锚入高端梯梁和低端梯梁。其锚固长度满足大于或等于 5d 且至少过支座中线。

在具体计算中，可以去锚固长度 $a=\max\left(5d,\ \frac{1}{2}kb\right)$。

由上所述，梯板下部纵筋的计算过程为：

1）下部纵筋以及分布筋长度的计算

$$梯板下部纵筋的长度\ l=l_n\times k+2\times a$$

$$分布筋的长度=b_n-2\times 保护层厚度$$

2）下部纵筋以及分布筋根数的计算

$$梯板下部纵筋的根数=(b_n-2\times 保护层厚度)/间距+1$$

$$分布筋的根数=(l_n\times k-50\times 2)/间距+1$$

（2）梯板低端扣筋位于踏步段斜板的低端，扣筋的一端扣在踏步段斜板上，直钩长度为 h_1。扣筋的另一端锚入低端梯梁内，锚固长度为 $0.35l_{ab}(0.6l_{ab})+15d$（$0.35l_{ab}$用于设计按铰接的情况，$0.6l_{ab}$用于设计考虑充分发挥钢筋抗拉强度的情况）。扣筋的延伸长度投影长度为 $l_n/4$。

由上所述，梯板低端扣筋的计算过程为：

1）低端扣筋以及分布筋长度的计算过程如下：

$$l_1=[l_n/4+(b-保护层)]\times 斜坡系数\ k$$

$$l_2=0.35l_{ab}(0.6l_{ab})-(b-保护层)\times 斜坡系数\ k$$

$$h_1=h-保护层$$

$$分布筋=b_n-2\times 保护层$$

2）低端扣筋以及分布筋根数的计算过程如下：

$$梯板低端扣筋的根数=(b_n-2\times 保护层)/间距+1$$

$$分布筋的根数=(l_n/4\times 斜坡系数\ k)/间距+1$$

（3）梯板高端扣筋位于踏步段斜板的高端，扣筋的一端扣在踏步段斜板上，直钩长度为 h_1，扣筋的另一端锚入高端梯梁内，锚入直段长度不小于 $0.35l_{ab}$（$0.6l_{ab}$），直钩长度 l_2 为 $15d$。扣筋的延伸长度水平投影长度为 $l_n/4$。由上所述，梯板高端扣筋的计算过程为：

1）高端扣筋以及分布筋长度的计算过程如下：

$$h_1=h-保护层$$

$$l_1=l_n/4\times 斜坡系数\ k+0.35l_{ab}\ (0.6l_{ab})$$

$$l_2=15d$$

$$分布筋=b_n-2\times 保护层$$

2）高端扣筋以及分布筋根数的计算过程如下：

$$梯板高端扣筋的根数=(b_n-2\times 保护层)/间距+1$$

$$分布筋的根数=(l_n/4\times 斜坡系数\ k-2\times 保护层)/间距+1$$

【例 7-1】 AT3 型楼梯的平面布置图如图 7-21 所示。混凝土强度等级为 C30，梯梁宽度 $b=200$mm。求 AT3 型楼梯中各钢筋。

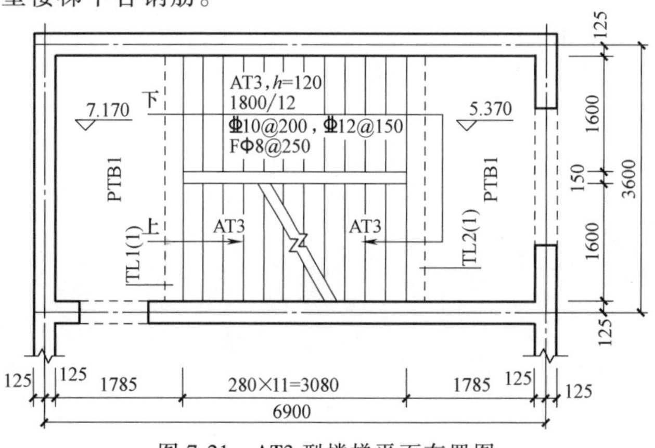

图 7-21　AT3 型楼梯平面布置图

解：

（1）AT 楼梯板的基本尺寸数据

1）楼梯板净跨度 $l_n=3080\text{mm}$。

2）梯板净宽度 $b_n=1600\text{mm}$。

3）梯板厚度 $h=120\text{mm}$。

4）踏步宽度 $b_s=280\text{mm}$。

5）踏步总高度 $H_s=1800\text{mm}$。

6）踏步高度 $h_s=(1800/12)\text{mm}=150\text{mm}$。

（2）计算步骤

1）斜坡系数 $k=\sqrt{h_s^2+b_s^2}/b_s=\sqrt{150^2+280^2}/280=1.134$

2）梯板下部纵筋以及分布筋

① 梯板下部纵筋

长度 $l=l_n\times k+2\times a=3080\times1.134+2\times\max(5d,b/2)$

$=3080\times1.134+2\times\max(5\times12,200/2)\text{mm}=3693\text{mm}$

根数 $=(b_n-2\times c)/$间距$+1=[(1600-2\times15)/150+1]$根 $=12$ 根

② 分布筋

长度 $=b_n-2\times c=(1600-2\times15)\text{mm}=1570\text{mm}$

根数 $=(l_n\times k-50\times2)/$间距$+1=[(3080\times1.134-50\times2)/250+1]$根 $=15$ 根

3）梯板低端扣筋

$l_1=[l_n/4+(b-c)]\times k=(3080/4+200-15)\times1.134\text{mm}=1083\text{mm}$

$l_2=15d=15\times10\text{mm}=150\text{mm}$

$h_1=h-c=(120-15)\text{mm}=105\text{mm}$

分布筋 $=b_n-2\times c=(1600-2\times15)\text{mm}=1570\text{mm}$

梯板低端扣筋的根数 $=(b_n-2\times c)/$间距$+1=[(1600-2\times15)/250+1]$根 $=5$ 根

分布筋的根数 $=(l_n/4\times k)/$间距$+1=[(3080/4\times1.134)/250+1]$根 $=5$ 根

4）梯板高端扣筋

$h_1=h-c=(120-15)\text{mm}=105\text{mm}$

$l_1=[l_n/4+(b-c)]\times k=(3080/4+200-15)\times1.134\text{mm}=1083\text{mm}$

$l_2=15d=15\times10\text{mm}=150\text{mm}$

$h_1=h-c=(120-15)\text{mm}=105\text{mm}$

高端扣紧的每根长度 $=(105+1083+150)\text{mm}=1338\text{mm}$

分布筋 $=b_n-2\times c=(1600-2\times15)\text{mm}=1570\text{mm}$

梯板高端扣筋的根数 $=(b_n-2\times c)/$间距$+1=[(1600-2\times15)/150+1]$根 $=12$ 根

分布筋的根数 $=(l_n/4\times k)/$间距$+1=[(3080/4\times1.134)/250+1]$根 $=5$ 根

上面只计算了一跑 AT3 型楼梯的钢筋，一个楼梯间有两跑 AT3 型楼梯，因此，应将上述数据乘以 2。

细节：ATc 型楼梯配筋翻样

ATc 型楼梯板配筋构造如图 7-22 所示。

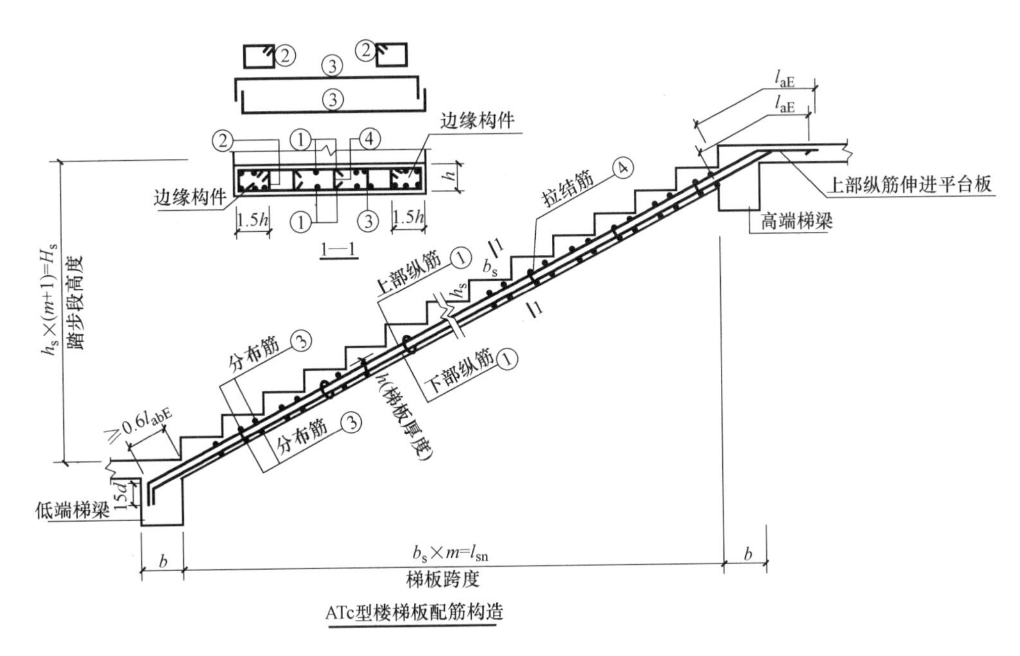

图 7-22　ATc 型楼梯板配筋构造

ATc 型楼梯板配筋构造：

ATc 型楼梯梯板厚度应按计算确定，且不宜小于 140mm，梯板采用双层配筋。

（1）踏步段纵向钢筋（双层配筋）：

踏步段下端：下部纵筋及上部纵筋均弯锚入低端梯梁，锚固平直段“$\geq l_{aE}$”，弯折段“$15d$”。上部纵筋需伸至支座对边再向下弯折。

踏步段上端：下部纵筋及上部纵筋均伸进平台板，锚入梁（板）l_{ab}。

（2）分布筋：分布筋两端均弯直钩，长度$=h-2\times$保护层；下层分布筋设在下部纵筋的下面；上层分布筋设在上部纵筋的上面。

（3）拉结筋：在上部纵筋和下部纵筋之间设置拉结筋ϕ6，拉结筋间距为 600mm。

（4）边缘构件（暗梁）：设置在踏步段的两侧，宽度为“1.5h”。

暗梁纵筋：直径不小于ϕ12 且不小于梯板纵向受力钢筋的直径；一、二级抗震等级时不少于 6 根；三、四级抗震等级时不少于 4 根。

暗梁箍筋：直径不小于ϕ6，间距不大于 200mm。

【例 7-2】 ATc3 型楼梯平面布置图如图 7-23 所示。混凝土强度等级为 C30，抗震等级为一级，梯梁宽度 $b=200$mm。求 ATc3 型楼梯中各钢筋。

解：

（1）ATc3 型楼梯板的基本尺寸数据。

1）楼梯板净跨度 $l_n=2800$mm。

2）梯板净宽度 $b_n=1600$mm。

3）梯板厚度 $h=120$mm。

4）踏步宽度 $b_s=280$mm。

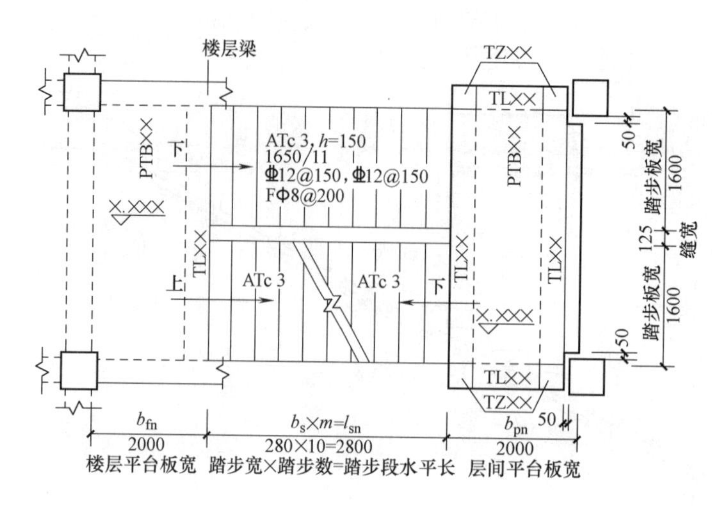

图 7-23　ATc3 型楼梯平面布置图

5）踏步总高度 $H_s = 1650\text{mm}$。

6）踏步高度 $h_s = 1650/11\text{mm} = 150\text{mm}$。

（2）计算步骤：

1）斜坡系数 $k = \sqrt{h_s^2 + b_s^2}/b_s = \sqrt{150^2 + 280^2}/280 = 1.134$

2）梯板下部纵筋和上部纵筋

下部纵筋长度 $= 15d + (b - \text{保护层} + l_{sn}) \times k + l_{aE}$

$= [15\times12 + (200 - 15 + 2800) \times 1.134 + 40\times12]\text{mm}$

$= 4045\text{mm}$

下部纵筋范围 $= b_n - 2\times1.5h = (1600 - 3\times150)\text{mm} = 1150\text{mm}$

下部纵筋根数 = (1150/150) 根 = 8 根

本题的上部纵筋长度与下部纵筋相同，上部纵筋长度 = 4045mm

上部纵筋范围与下部纵筋相同，上部纵筋根数 = (1150/150) 根 = 8 根

3）梯板分布筋（即③号钢筋）的计算：（“扣筋”形状）

分布筋的水平段长度 $= b_n - 2\times$保护层 $= (1600 - 2\times15)\text{mm} = 1570\text{mm}$

分布筋的直钩长度 $= h - 2\times$保护层 $= (150 - 2\times15)\text{mm} = 120\text{mm}$

分布筋每根长度 = (1570+2×120) mm = 1790mm

分布筋根数的计算：

分布筋设置范围 $= l_{sn} \times k = 2800\times1.134\text{mm} = 3175\text{mm}$

分布筋根数 = 3175/200 = 16 根（这仅是上部纵筋的分布筋根数）

上下纵筋的分布筋总数 = 2×16 根 = 32 根

4）梯板拉结筋（即④号钢筋）的计算：

根据相关规定，梯板拉结筋Φ6，间距 600mm。

拉结筋长度 $= h - 2\times$保护层$+2\times$拉筋直径 $= (150 - 2\times15 + 2\times6)\text{mm} = 132\text{mm}$

拉结筋根数 = (3175/600) 根 = 6 根（注：这是一对上下纵筋的拉结筋根数）

每一对上下纵筋都应该设置拉结筋（相邻上下纵筋错开设置），拉结筋总根数 = 8×6

根 = 48 根

5）梯板暗梁箍筋（即②号钢筋）的计算：

根据相关规定，梯板暗梁箍筋直径不小于ϕ6，间距不大于 200mm。

箍筋尺寸计算（箍筋仍按内围尺寸计算）：

箍筋宽度 = 1.5h-保护层-2d = (1.5×150-15-2×6)mm = 198mm

箍筋高度 = h-2×保护层-2d = (150-2×15-2×6)mm = 108mm

箍筋每根长度 = [(198+108)×2+26×6]mm = 768mm

箍筋分布范围 = l_{sn}×k = 2800×1.134mm = 3175mm

箍筋根数 = (3175/200)根 = 16 根（这是一道暗梁的箍筋根数）

两道暗梁的箍筋根数 = 2×16 根 = 32 根

6）梯板暗梁纵筋的计算：

每道暗梁纵筋根数 6 根（一、二级抗震时），暗梁纵筋直径不小于 ϕ12（不小于纵向受力钢筋直径）。

两道暗梁的纵筋根数 = 2×6 根 = 12 根

本题的暗梁纵筋长度同下部纵筋，暗梁纵筋长度 = 4045mm

上面只计算了一跑 ATc 型楼梯的钢筋，一个楼梯间有两跑 ATc 型楼梯，两跑楼梯的钢筋要把上述钢筋数量乘以 2。

第 8 章　筏形基础钢筋翻样与下料

细节：筏形基础类型

当柱网间距大时，一般采用梁板式筏形基础。由于基础梁底面与基础平板底面标高高差不同，可将梁板式筏形基础分为“高板位”（即梁顶与板顶一平，如图 8-1 所示）、“低板位”（即梁底与板底一平，如图 8-2 所示）、“中板位”（板在梁的中部）。

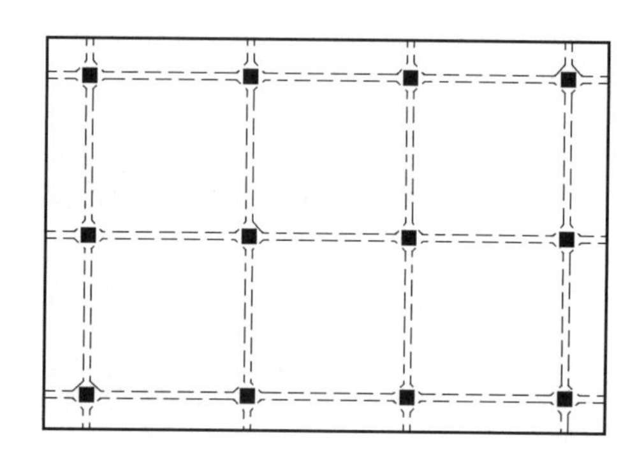

a)

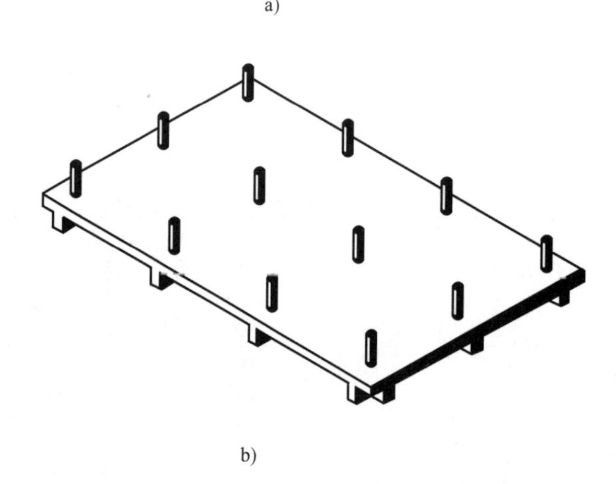

b)

图 8-1　梁板式筏形基础（高板位）

a）平面示意图　b）立体示意图

当柱荷载不大、柱距较小且等柱距时，一般采用平板式筏形基础，如图 8-3 所示。

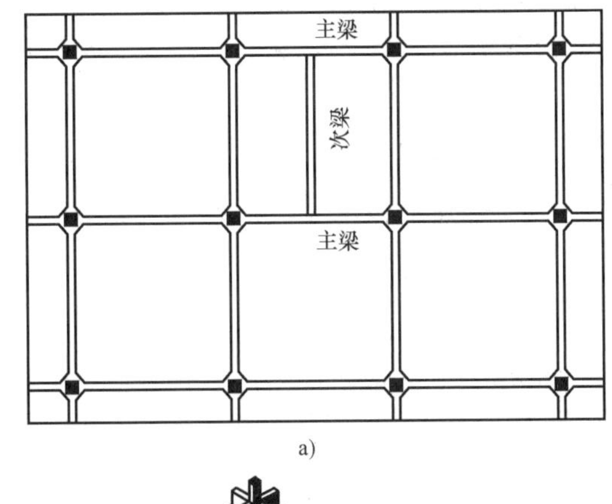

a)

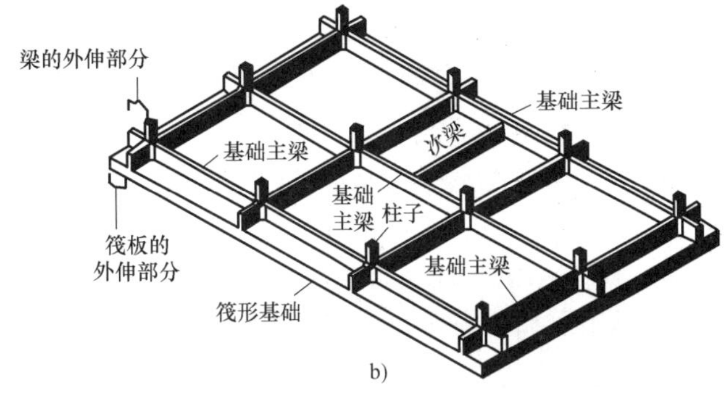

b)

图 8-2　梁板式筏形基础（低板位）

a）平面示意图　b）立体示意图

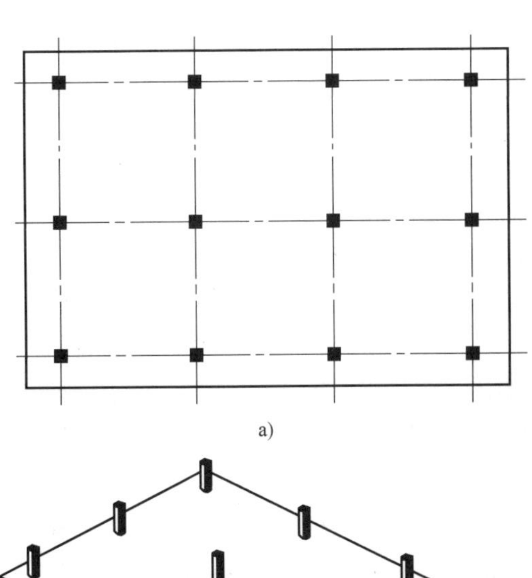

a)

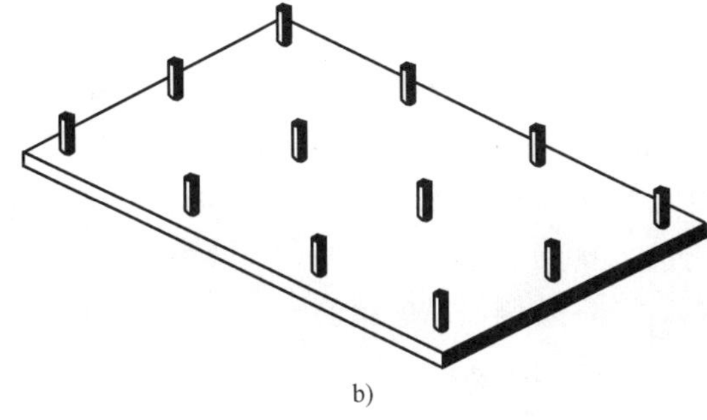

b)

图 8-3　平板式筏形基础

a）平面示意图　b）立体示意图

细节：梁板式筏形基础构件的类型与编号

梁板式筏形基础由基础主梁，基础次梁，基础平板等构成，编号应符合表8-1的规定。

表8-1 梁板式筏形基础构件编号

构件类型	代号	序号	跨数及有无外伸
基础主梁(柱下)	JL	××	(××)或(××A)或(××B)
基础次梁	JCL	××	(××)或(××A)或(××B)
梁板筏基础平板	LPB	××	

注：1. (××A)为一端有外伸，(××B)为两端有外伸，外伸不计入跨数。
2. 梁板式筏形基础平板跨数及是否有外伸分别在X、Y两向的贯通纵筋之后表达。图面从左至右为X向，从下至上为Y向。
3. 梁板式筏形基础主梁、条形基础梁编号与标准构造详图一致。

细节：基础主梁与基础次梁的平面注写方式

1. 基础主梁JL与基础次梁JCL的平面注写

基础主梁JL与基础次梁JCL的平面注写方式，分集中标注与原位标注两部分内容。当集中标注中的某项数值不适用于梁的某部位时，则将该数值采用原位标注，施工时，原位标注优先。

2. 基础主梁JL与基础次梁JCL的集中标注内容

基础主梁JL与基础次梁JCL的集中标注内容包括：基础梁编号、截面尺寸、配筋三项必注内容，以及基础梁底面标高高差（相对于筏形基础平板底面标高）一项选注内容。具体规定如下：

（1）注写基础梁的编号，见表8-1。

（2）注写基础梁的截面尺寸。以$b\times h$表示梁截面宽度与高度；当为竖向加腋梁时，用$b\times h$ Y$c_1\times c_2$表示，其中c_1为腋长，c_2为腋高。

（3）注写基础梁的配筋。

1）注写基础梁箍筋。

① 当采用一种箍筋间距时，注写钢筋级别、直径、间距与肢数（写在括号内）。

② 当采用两种箍筋时，用“/”分隔不同箍筋，按照从基础梁两端向跨中的顺序注写。先注写第1段箍筋（在前面加注箍数），在斜线后再注写第2段箍筋（不再加注箍数）。

施工时应注意：两向基础主梁相交的柱下区域，应有一向截面较高的基础主梁按梁端箍筋贯通设置；当两向基础主梁高度相同时，任选一向基础主梁箍筋贯通设置。

基础主梁与基础次梁的外伸部位，以及基础主梁端部节点内按第一种箍筋设置，如图8-4、图8-5所示。

2）注写基础梁的底部、顶部及侧面纵向钢筋。

① 以B打头，先注写梁底部贯通纵筋（不应少于底部受力钢筋总截面面积的1/3）。当跨中所注根数少于箍筋肢数时，需要在跨中加设架立筋以固定箍筋，注写时，用加号“+”将贯通纵筋与架立筋相连，架立筋注写在加号后面的括号内。

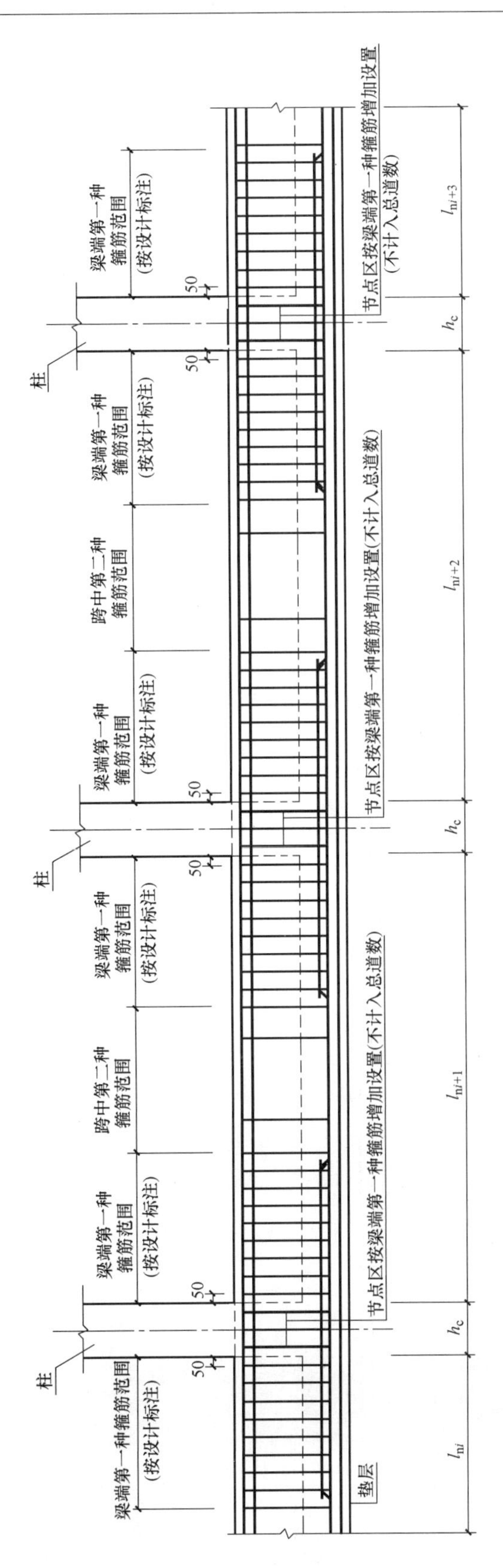

图 8-4　基础主梁箍筋布置范围

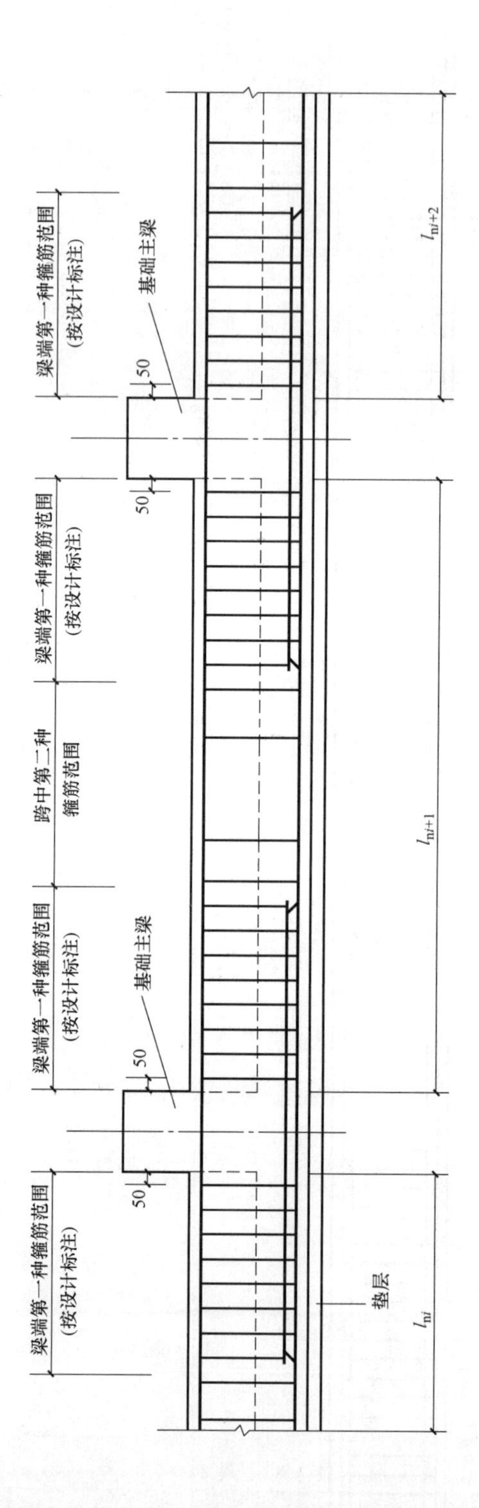

图 8-5　基础次梁箍筋布置范围

② 以T打头，注写梁顶部贯通纵筋值。注写时用分号“;”将底部与顶部纵筋分隔开，若有个别跨与其不同，按下述第3条原位注写的规定处理。

③ 当梁底部或顶部贯通纵筋多于一排时，用斜线“/”将各排纵筋自上而下分开。

④ 以大写字母G打头注写基础梁两侧面对称设置的纵向构造钢筋的总配筋值（当梁腹板高度h_w不小于450mm时，根据需要配置）。

当需要配置抗扭纵向钢筋时，梁两个侧面设置的抗扭纵向钢筋以N打头。

（4）注写基础梁底面标高高差（是指相对于筏形基础平板底面标高的高差值），该项为选注值。有高差时需将高差写入括号内（例如“高板位”与“中板位”基础梁的底面与基础平板底面标高的高差值），无高差时不注（例如“低板位”筏形基础的基础梁）。

3. 基础主梁与基础次梁的原位标注规定

（1）注写梁支座的底部纵筋是指包括贯通纵筋与非贯通纵筋在内的所有纵筋：

1）当底部纵筋多于一排时，用“/”将各排纵筋自上而下分开。

2）当同排纵筋有两种直径时，用加号“+”将两种直径的纵筋相连。

3）当梁中间支座两边的底部纵筋配置不同时，需在支座两边分别标注；当梁中间支座两边的底部纵筋相同时，可仅在支座的一边标注配筋值。

4）当梁端（支座）区域的底部全部纵筋与集中注写过的贯通纵筋相同时，可不再重复做原位标注。

5）竖向加腋梁加腋部位钢筋，需在设置加腋的支座处以Y打头注写在括号内。

设计时应注意：当对底部一平的梁支座两边的底部非贯通纵筋采用不同配筋值时，应先按较小一边的配筋值选配相同直径的纵筋贯穿支座，再将较大一边的配筋差值选配适当直径的钢筋锚入支座，避免造成两边大部分钢筋直径不相同的不合理配置结果。

施工及预算方面应注意：当底部贯通纵筋经原位修正注写后，两种不同配置的底部贯通纵筋应在两毗邻跨中配置较小一跨的跨中连接区域连接（即配置较大一跨的底部贯通纵筋需越过其跨数终点或起点伸至毗邻跨的跨中连接区域。具体位置见标准构造详图）。

（2）注写基础梁的附加箍筋或（反扣）吊筋。将其直接画在平面图中的主梁上，用线引注总配筋值（附加箍筋的肢数注在括号内），当多数附加箍筋或（反扣）吊筋相同时，可在基础梁平法施工图上统一注明，少数与统一注明值不同时，再原位引注。

施工时应注意：附加箍筋或（反扣）吊筋的几何尺寸应按照标准构造详图，结合其所在位置的主梁和次梁的截面尺寸确定。

（3）当基础梁外伸部位变截面高度时，在该部位原位注写$b \times h_1/h_2$，h_1为根部截面高度，h_2为尽端截面高度。

（4）注写修正内容。当在基础梁上集中标注的某项内容（如梁截面尺寸、箍筋、底部与顶部贯通纵筋或架立筋、梁侧面纵向构造钢筋、梁底面标高高差等）不适用于某跨或某外伸部分时，则将其修正内容原位标注在该跨或该外伸部位，施工时原位标注取值优先。

当在多跨基础梁的集中标注中已注明竖向加腋，而该梁某跨根部不需要竖向加腋时，则应在该跨原位标注等截面的$b \times h$，以修正集中标注中的加腋信息。

4. 基础主梁与基础次梁的平法标注示意图（图 8-6）

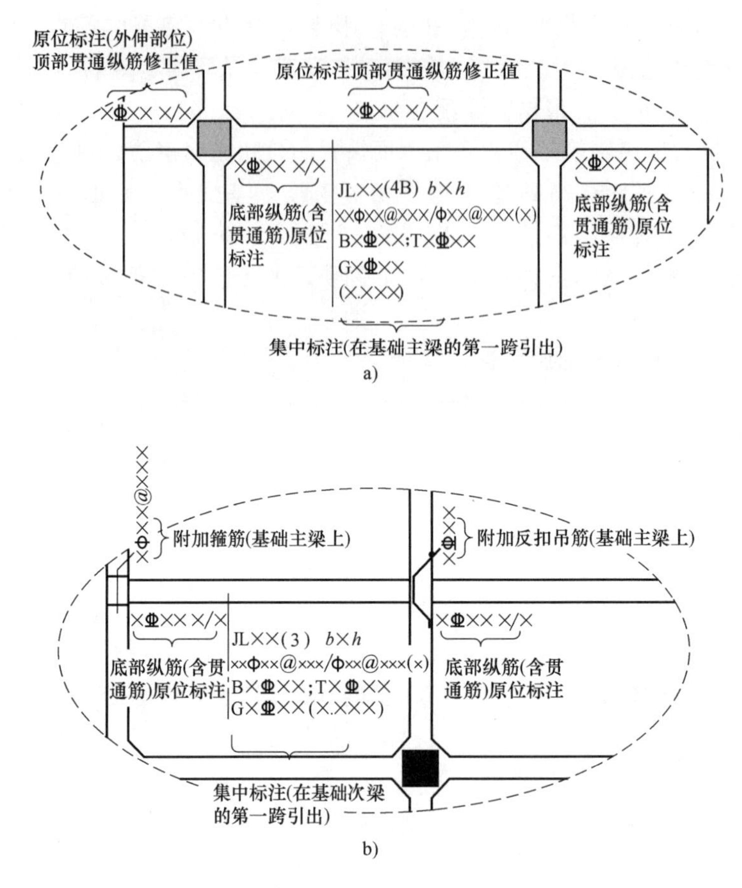

图 8-6　基础主梁与基础次梁的平法标注示意图

a）基础主梁　b）基础次梁

细节：基础梁底部非贯通纵筋的长度规定

（1）为方便施工，凡基础主梁柱下区域和基础次梁支座区域底部非贯通纵筋的伸出长度 a_0 值，当配置不多于两排时，在标准构造详图中统一取值为自支座边向跨内伸出至 $l_n/3$ 位置；当非贯通纵筋配置多于两排时，从第三排起向跨内的伸出长度值应由设计者注明。l_n 的取值规定为：边跨边支座的底部非贯通纵筋，l_n 取本边跨的净跨长度值；中间支座的底部非贯通纵筋，l_n 取支座两边较大一跨的净跨长度值。

（2）基础主梁与基础次梁外伸部位底部纵筋的伸出长度 a_0 值，在标准构造详图中统一取值为：第一排伸出至梁端头后，全部上弯 $12d$ 或 $15d$，其他排伸至梁端头后截断。

（3）设计者在执行第（1）、（2）条基础梁底部非贯通纵筋伸出长度的统一取值规定时，应注意按《混凝土结构设计规范（2015 年版）》（GB 50010—2010）、《建筑地基基础设计规范》（GB 50007—2011）和《高层建筑混凝土结构技术规程》（JGJ 3—2010）的相关规定进行校核，若不满足时应另行变更。

细节：梁板式筏形基础平板的平面注写方式

（1）梁板式筏形基础平板 LPB 的平面注写，分为集中标注与原位标注两部分内容。

（2）梁板式筏形基础平板 LPB 贯通纵筋的集中标注，应在所表达的板区双向均为第一跨（X 与 Y 双向首跨）的板上引出（图面从左至右为 X 向，从下至上为 Y 向）。

板区划分条件：板厚相同、基础平板底部与顶部贯通纵筋配置相同的区域为同一板区。

集中标注的内容规定如下：

1）注写基础平板的编号，见表 8-1。

2）注写基础平板的截面尺寸。注写 h=×××表示板厚。

3）注写基础平板的底部与顶部贯通纵筋及其跨数及外伸情况。先注写 X 向底部（B 打头）贯通纵筋与顶部（T 打头）贯通纵筋及纵向长度范围；再注写 Y 向底部（B 打头）贯通纵筋与顶部（T 打头）贯通纵筋及其跨数及外伸情况（图面从左至右为 X 向，从下至上为 Y 向）。

贯通纵筋的跨数及外伸情况注写在括号中，注写方式为“跨数及有无外伸”，其表达形式为：（××）（无外伸）、（××A）（一端有外伸）或（××B）（两端有外伸）。

注：基础平板的跨数以构成柱网的主轴线为准；两主轴线之间无论有几道辅助轴线（例如框筒结构中混凝土内筒中的多道墙体），均可按一跨考虑。

当贯通筋采用两种规格钢筋“隔一布一”方式时，表达为Φ xx/yy@ ×××，表示直径××的钢筋和直径 yy 的钢筋之间的间距为×××，直径为××的钢筋、直径为 yy 的钢筋间距分别为×××的 2 倍。

施工及预算方面应注意：当基础平板分板区进行集中标注，并且相邻板区板底一平时，两种不同配置的底部贯通纵筋应在两毗邻板跨中配筋较小板跨的跨中连接区域连接（即配置较大板跨的底部贯通纵筋需越过板区分界线伸至毗邻板跨的跨中连接区域）。

（3）梁板式筏形基础平板 LPB 的原位标注，主要表达板底部附加非贯通纵筋。

1）原位注写位置及内容。板底部原位标注的附加非贯通纵筋，应在配置相同跨的第一跨表达（当在基础梁悬挑部位单独配置时则在原位表达）。在配置相同跨的第一跨（或基础梁外伸部位），垂直于基础梁绘制一段中粗虚线（当该筋通长设置在外伸部位或短跨板下部时，应画至对边或贯通短跨），在虚线上注写编号（例如①、②等）、配筋值、横向布置的跨数及是否布置到外伸部位。

注：（××）为横向布置的跨数，（××A）为横向布置的跨数及一端基础梁的外伸部位，（××B）为横向布置的跨数及两端基础梁外伸部位。

板底部附加非贯通纵筋向自支座中线两边跨内的伸出长度值注写在线段的下方位置。当该筋向两侧对称伸出时，可仅在一侧标注，另一侧不注；当布置在边梁下时，向基础平板外伸部位一侧的伸出长度与方式按标准构造，设计不注。底部附加非贯通筋相同者，可仅注写一处，其他只注写编号。

横向连续布置的跨数及是否布置到外伸部位，不受集中标注贯通纵筋的板区限制。

原位注写的底部附加非贯通纵筋与集中标注的底部贯通钢筋，宜采用“隔一布一”的方式布置，即基础平板（X 向或 Y 向）底部附加非贯通纵筋与贯通纵筋间隔布置，其标注间距与底部贯通纵筋相同（两者实际组合后的间距为各自标注间距的 1/2）。

2）注写修正内容。当集中标注的某些内容不适用于梁板式筏形基础平板某板区的某一板跨时，应由设计者在该板跨内注明，施工时应按注明内容取用。

3）当若干基础梁下基础平板的底部附加非贯通纵筋配置相同时（其底部、顶部的贯通纵筋可以不同），可仅在一根基础梁下做原位注写，并在其他梁上注明“该梁下基础平板底部附加非贯通纵筋同××基础梁”。

4）梁板式筏形基础平板的标注示意图如图 8-7 所示。

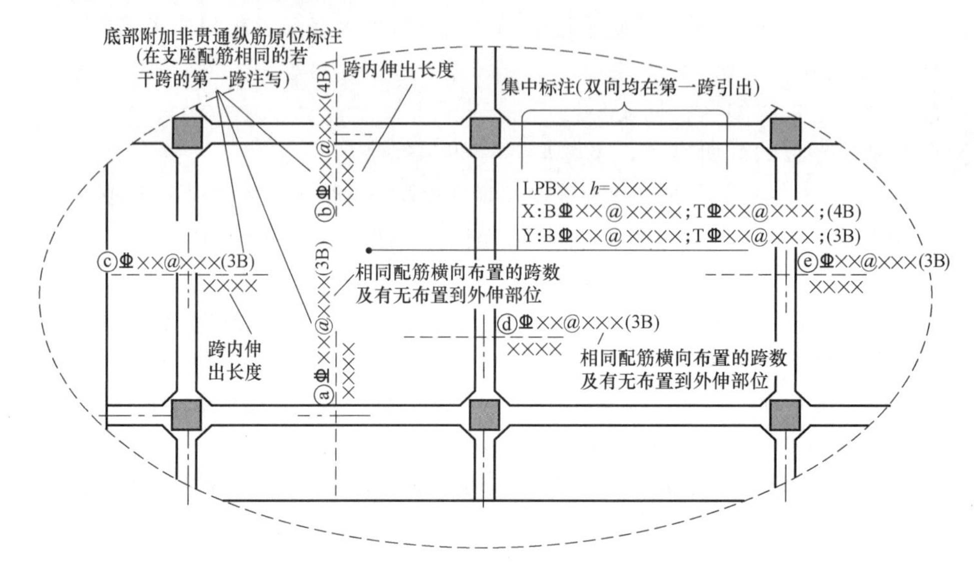

图 8-7　梁板式筏形基础平板的标注示意图

细节：平板式筏形基础构件的类型与编号

平板式筏形基础有两种。一是划分为柱下板带和跨中板带进行表达；二是按基础平板进行表达。平板式筏形基础构件编号应符合表 8-2 的规定。

表 8-2　平板式筏形基础构件编号

构件类型	代号	序号	跨数及有无外伸
柱下板带	ZXB	××	(××)或(××A)或(××B)
跨中板带	KZB	××	(××)或(××A)或(××B)
平板式筏基础平板	BPB	××	

注：1.（××A）为一端有外伸，（××B）为两端有外伸，外伸不计入跨数。

2. 平板式筏形基础平板，其跨数及是否有外伸分别在 X、Y 两向的贯通纵筋之后表达。图面从左至右为 X 向，从下至上为 Y 向。

细节：柱下板带、跨中板带的平面注写方式

(1) 柱下板带 ZXB（视其为无箍筋的宽扁梁）与跨中板带 KZB 的平面注写，分集中标

注与原位标注两部分内容。

（2）柱下板带与跨中板带的集中标注，应在第一跨（X 向为左端跨，Y 向为下端跨）引出。具体规定如下：

1）注写编号，见表 8-2。

2）注写截面尺寸，注写 b=××××表示板带宽度（在图注中注明基础平板厚度）。确定柱下板带宽度应根据规范要求与结构实际受力需要。当柱下板带宽度确定后，跨中板带宽度亦随之确定（即相邻两平行柱下板带之间的距离）。当柱下板带中心线偏离柱中心线时，应在平面图上标注其定位尺寸。

3）注写底部与顶部贯通纵筋。注写底部贯通纵筋（B 打头）与顶部贯通纵筋（T 打头）的规格与间距，用分号"；"将其分隔开。柱下板带的柱下区域，通常在其底部贯通纵筋的间隔内插空设有（原位注写的）底部附加非贯通纵筋。

施工及预算方面应注意：当柱下板带的底部贯通纵筋配置从某跨开始改变时，两种不同配置的底部贯通纵筋应在两毗邻跨中配置较小跨的跨中连接区域连接（即配置较大跨的底部贯通纵筋需越过其跨数终点或起点伸至毗邻跨的跨中连接区域。具体位置见标准构造详图）。

（3）柱下板带与跨中板带原位标注的内容，主要为底部附加非贯通纵筋。具体规定如下：

1）注写内容：以一段与板带同向的中粗虚线代表附加非贯通纵筋；柱下板带：贯穿其柱下区域绘制；跨中板带：横贯柱中线绘制。在虚线上注写底部附加非贯通纵筋的编号（例如①、②等）、钢筋级别、直径、间距，以及自柱中线分别向两侧跨内的伸出长度值。当向两侧对称伸出时，长度值可仅在一侧标注，另一侧不注。外伸部位的伸出长度与方式按标准构造，设计不注。对同一板带中底部附加非贯通筋相同者，可仅在一根钢筋上注写，其他可仅在中粗虚线上注写编号。

原位注写的底部附加非贯通纵筋与集中标注的底部贯通纵筋，宜采用"隔一布一"的方式布置，即柱下板带或跨中板带底部附加非贯通纵筋与贯通纵筋交错插空布置，其标注间距与底部贯通纵筋相同（两者实际组合后的间距为各自标注间距的 1/2）。

当跨中板带在轴线区域不设置底部附加非贯通纵筋时，则不做原位注写。

2）注写修正内容。当在柱下板带、跨中板带上集中标注的某些内容（例如截面尺寸、底部与顶部贯通纵筋等）不适用于某跨或某外伸部分时，则将修正的数值原位标注在该跨或该外伸部位，施工时原位标注取值优先。

设计时应注意：对于支座两边不同配筋值的（经注写修正的）底部贯通纵筋，应按较小一边的配筋值选配相同直径的纵筋贯穿支座，较大一边的配筋差值选配适当直径的钢筋锚入支座，避免造成两边大部分钢筋直径不相同的不合理配置结果。

（4）柱下板带 ZXB 与跨中板带 KZB 的注写规定，同样适用于平板式筏形基础上局部有剪力墙的情况。

（5）柱下板带 ZXB 与跨中板带 KZB 平法标注示意图，如图 8-8 所示。

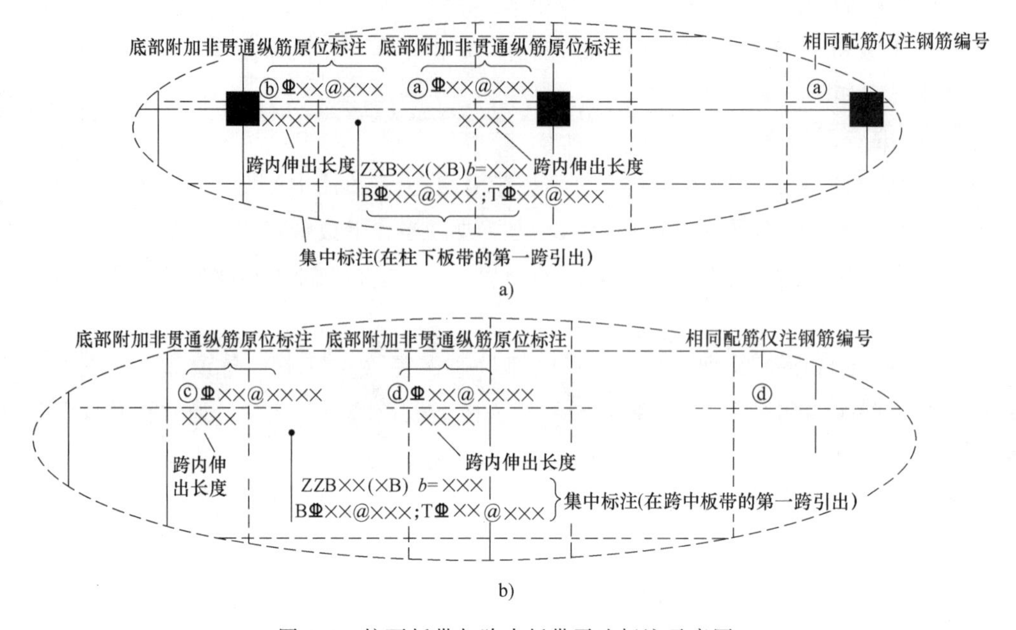

图 8-8 柱下板带与跨中板带平法标注示意图

a）柱下板带 b）跨中板带

细节：平板式筏形基础平板 BPB 的平面注写方式

(1) 平板式筏形基础平板 BPB 的平面注写，分为集中标注与原位标注两部分内容。

基础平板 BPB 的平面注写与柱下板带 ZXB、跨中板带 KZB 的平面注写虽是不同的表达方式，但是可以表达同样的内容。当整片板式筏形基础配筋比较规律时，宜采用 BPB 表达方式。

(2) 平板式筏形基础平板 BPB 的集中标注，除按本规则表 8-2 注写编号外，所有规定均与梁板式筏形基础平板的平面注写方式的第 2) 条相同。

当某向底部贯通纵筋或顶部贯通纵筋的配置，在跨内有两种不同间距时，先注写跨内两端的第一种间距，并在前面加注纵筋根数（以表示其分布的范围）；再注写跨中部的第二种间距（不需加注根数）；两者用“/”分隔。

(3) 平板式筏形基础平板 BPB 的原位标注，主要表达横跨柱中心线下的底部附加非贯通纵筋。注写规定如下：

1) 原位注写位置及内容。在配置相同的若干跨的第一跨，垂直于柱中线绘制一段中粗虚线代表底部附加非贯通纵筋，在虚线上的注写内容与梁板式筏形基础平板的平面注写方式的第 3) 条第①款相同。

当柱中心线下的底部附加非贯通纵筋（与柱中心线正交）沿柱中心线连续若干跨配置相同时，则在该连续跨的第一跨下原位注写，且将同规格配筋连续布置的跨数注在括号内；当有些跨配置不同时，则应分别原位注写。外伸部位的底部附加非贯通纵筋应单独注写（当与跨内某筋相同时仅注写钢筋编号）。

当底部附加非贯通纵筋横向布置在跨内有两种不同间距的底部贯通纵筋区域时，其间距应分别对应为两种，其注写形式应与贯通纵筋保持一致，即先注写跨内两端的第一种间距，并在前面加注纵筋根数；再注写跨中部的第二种间距（不需加注根数）；两者用“/”分隔。

2）当某些柱中心线下的基础平板底部附加非贯通纵筋横向配置相同时（其底部、顶部的贯通纵筋可以不同），可仅在一条中心线下做原位注写，并在其他柱中心线上注明“该柱中心线下基础平板底部附加非贯通纵筋同××柱中心线”。

（4）平板式筏形基础平板 BPB 的平面注写规定，同样适用于平板式筏形基础上局部有剪力墙的情况。

平板式筏形基础平板标注示意图，如图 8-9 所示。

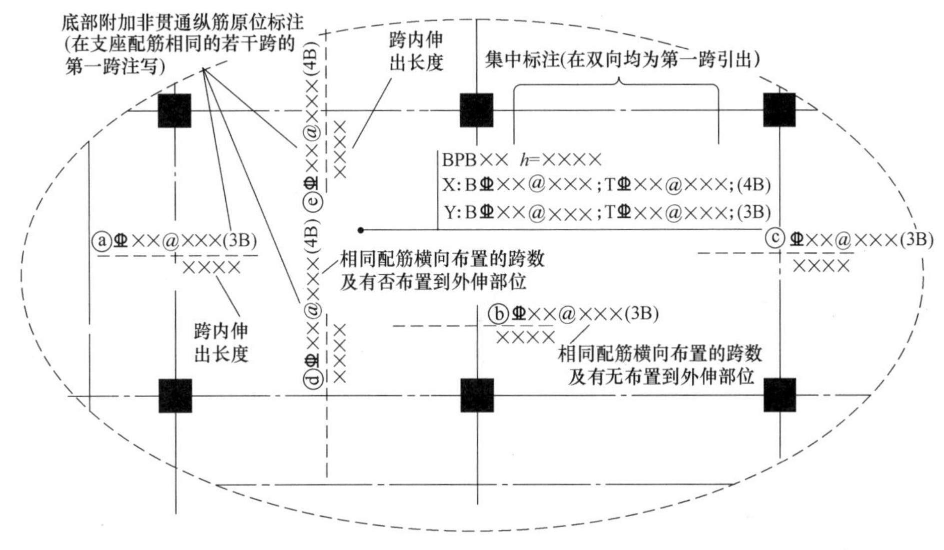

图 8-9　平板式筏形基础平板标注示意图

细节：基础梁纵筋翻样

1. 基础梁无外伸

基础梁端部无外伸构造如图 8-10 所示。

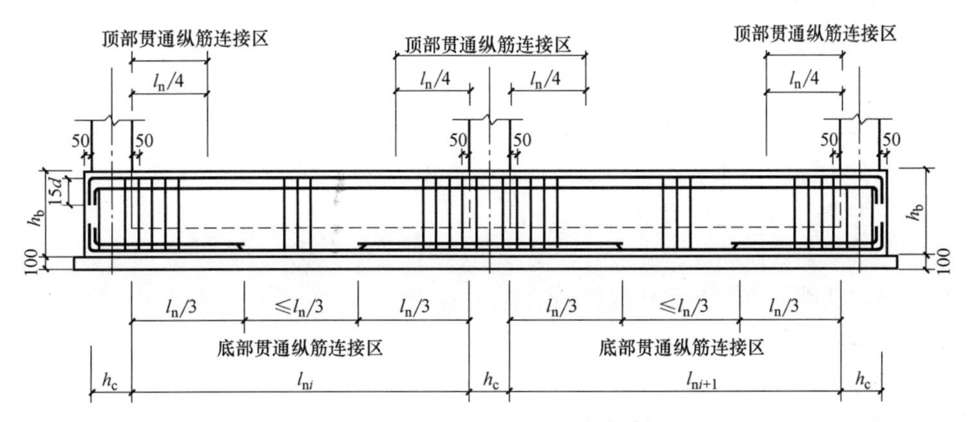

图 8-10　基础梁端部无外伸构造

$$上部贯通筋长度=梁长-2\times c_1+(h_c-2\times c_2)/2$$

$$下部贯通筋长度=梁长-2\times c_1+(h_c-2\times c_2)/2$$

式中 c_1——基础梁端保护层厚度；

c_2——基础梁上下保护层厚度。

上部或者下部钢筋根数不同时：

$$多出的钢筋长度=梁长-2\times c+左弯折15d+右弯折15d$$

式中 c——基础梁保护层厚度（当基础梁端、基础梁底、基础梁顶保护层不同时应分别计算）；

d——钢筋直径。

2. 基础梁等截面外伸

基础主梁等截面外伸构造如图 8-11 所示。

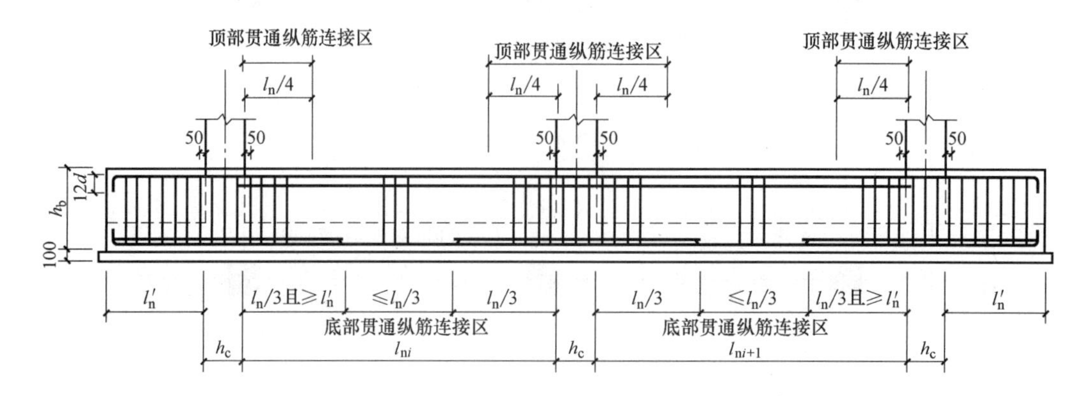

图 8-11 基础主梁等截面外伸构造

$$上部贯通筋长度=梁长-2\times保护层+左弯折12d+右弯折12d$$

$$下部贯通筋长度=梁长-2\times保护层+左弯折12d+右弯折12d$$

细节：基础主梁非贯通筋翻样

1. 基础梁无外伸

基础梁端部无外伸构造如图 8-10 所示。

$$下部端支座非贯通筋长度=0.5h_c+\max(l_n/3,1.2l_a+h_b+0.5h_c)+(h_b-2\times c)/2$$

$$下部多出的端支座非贯通筋长度=0.5h_c+\max(l_n/3,1.2l_a+h_b+0.5h_c)+15d$$

$$下部中间支座非贯通筋长度=\max(l_n/3,1.2l_a+h_b+0.5h_c)\times 2$$

式中 l_n——左跨与右跨之较大值；

h_b——基础梁截面高度；

h_c——沿基础梁跨度方向柱截面高度；

c——基础梁保护层厚度。

2. 基础梁等截面外伸

基础主梁等截面外伸构造如图 8-11 所示。

下部端支座非贯通筋长度 = 外伸长度 $l+\max(l_n/3, l_n')+12d$

下部中间支座非贯通筋长度 = $\max(l_n/3, l_n')\times 2$

细节：基础梁架立筋翻样

当梁下部贯通筋的根数少于箍筋的肢数时，在梁的跨中 1/3 跨度范围内必须设置架立筋用来固定箍筋，架立筋与支座负筋搭接 150mm。

基础梁首跨架立筋长度 = $l_1-\max(l_1/3, 1.2l_a+h_b+0.5h_c)$

$-\max(l_1/3, l_2/3, 1.2l_a+h_b+0.5h_c)+2\times 150$

式中　l_1——首跨轴线至轴线长度；

l_2——第二跨轴线至轴线长度。

细节：基础梁拉筋翻样

梁侧面拉筋根数 = 侧面筋道数 $n\times[(l_n-50\times 2)/$非加密区间距的 2 倍$+1]$

梁侧面拉筋长度 = (梁宽 b−保护层厚度 $c\times 2)+4d+2\times 11.9d$

细节：基础梁箍筋翻样

箍筋根数：

根数 = 根数 1+根数 2+{[梁净长−2×50−(根数 1−1)×间距 1

−(根数 2−1)×间距 2]}/间距 3−1

当设计未标注加密箍筋范围时，

箍筋加密区长度 $L_1=\max(1.5\times h_b, 500)$

箍筋根数 = $2\times[(L_1-50)/$加密区间距$+1]+\sum$ (梁宽−2×50)/加密区间距−1+

$(l_n-2\times L_1)/$非加密区间距−1

为方便计算，箍筋与拉筋弯钩平直段长度按 10d 计算。实际钢筋预算与下料时应根据箍筋直径和构件是否抗震而定。

箍筋预算长度 = $(b+h)\times 2-8\times c+2\times 11.9d+8d$

箍筋下料长度 = $(b+h)\times 2-8\times c+2\times 11.9d+8d-3\times 1.75d$

内箍预算长度 = $\{[(b-2\times c-D)/n-1]\times j+D\}\times 2+2\times(h-c)+2\times 11.9d+8d$

内箍下料长度 = $\{[(b-2\times c-D)/n-1]\times j+D\}\times 2+2\times(h-c)+2\times 11.9d+8d-$
$3\times 1.75d$

式中　b——梁宽度；

c——梁侧保护层厚度；

D——梁纵筋直径；

n——梁箍筋肢数；

j——梁内箍包含的主筋孔数；

d——梁箍筋直径。

细节：基础梁附加箍筋翻样

附加箍筋间距 $8d$（d 是箍筋直径）且不大于梁正常箍筋间距。

附加箍筋根数若设计注明则按设计，若设计只注明间距而没注写具体数量则按平法构造，计算如下：

附加箍筋根数 = 2×(次梁宽度/附加箍筋间距+1)

细节：基础梁附加吊筋翻样

附加吊筋长度 = 次梁宽+2×50+2×(主梁高-保护层厚度)/sin45°(60°)+2×20d

细节：变截面基础梁钢筋翻样

梁变截面包括几种情况：上平下不平，下平上不平，上下均不平，左平右不平，右平左不平，左右均不平。

当基础梁下部有高差时，低跨的基础梁必须做成45°或者60°梁底台阶或者斜坡。

当基础梁有高差时，不能贯通的纵筋必须相互锚固。

1. 当基础下平上不平时

低跨的基础梁上部纵筋伸入高跨内一个 l_a。

高跨梁上部第一排纵筋弯折长度 = 高差值+l_a

2. 当基础上平下不平时

高跨基础梁下部纵筋伸入低跨梁 = l_a

低跨梁下部第一排纵筋斜弯折长度 = 高差值/sin45°(60°)+l_a

3. 当基础梁上下均不平时

低跨的基础梁上部纵筋伸入高跨内一个 l_a。

高跨梁上部第一排纵筋弯折长度 = 高差值+l_a

高跨基础梁下部纵筋伸入低跨内长度 = l_a

低跨梁下部第一排纵筋斜弯折长度 = 高差值/sin45°(60°)+l_a

当支座两边基础梁宽不同或者梁不对齐时，将不能拉通的纵筋伸入支座对边后弯折 $15d$。

当支座两边纵筋根数不同时，可以将多出的纵筋伸入支座对边后弯折 $15d$。

细节：基础梁侧腋钢筋翻样

除了基础梁比柱宽且完全形成梁包柱的情形外，基础梁必须加腋，加腋钢筋直径不小于

12mm 并且不小于柱箍筋直径，间距同柱箍筋间距。在加腋筋内侧梁高位置布置分布筋Φ8@200。

$$加腋纵筋长度 = \sum 侧腋边净长 + 2\times l_a$$

细节：基础梁竖向加腋钢筋翻样

加腋上部斜纵筋根数 = 梁下部纵筋根数 − 1

且不少于两根，并插空放置。其箍筋与梁端部箍筋相同。

箍筋根数 = $2\times[(1.5\times h_b)$/加密区间距$]+(l_n-3h_b-2\times c_1)$/非加密区间距 − 1

加腋区箍筋根数 = (c_1-50)/箍筋加密区间距 + 1

加腋区箍筋理论长度 = $2\times b+2\times(2\times h+c_2)-8\times c+2\times 11.9d+8d$

加腋区箍筋下料长度 = $2\times b+2\times(2\times h+c_2)-8\times c+2\times 11.9d+8d-3\times 1.75d$

加腋区箍筋最长预算长度 = $2\times(b+h+c_2)-8\times c+2\times 11.9d+8d$

加腋区箍筋最长下料长度 = $2\times(b+h+c_2)-8\times c+2\times 11.9d+8d-3\times 1.75d$

加腋区箍筋最短预算长度 = $2\times(b+h)-8\times c+2\times 11.9d+8d$

加腋区箍筋最短下料长度 = $2\times(b+h)-8\times c+2\times 11.9d+8d-3\times 1.75d$

加腋区箍筋总长缩尺量差 = (加腋区箍筋中心线最长长度 − 加腋区箍筋中心线最短长度)/加腋区箍筋数量 − 1

加腋区箍筋高度缩尺量差 = 0.5×(加腋区箍筋中心线最长长度 − 加腋区箍筋中心线最短长度)/加腋区箍筋数量 − 1

加腋纵筋长度 = $\sqrt{c_1^2+c_2^2}+2\times l_a$

细节：梁板式筏基钢筋翻样方法

1. 端部无外伸构造

$$底部贯通筋长度 = 筏板长度 - 2\times 保护层厚度 + 弯折长度\ 2\times 15d$$

即使底部锚固区水平段长度满足不小于 $0.4l_a$ 时，底部纵筋也必须要伸至基础梁箍筋内侧。

$$上部贯通筋长度 = 筏板净跨长 + \max(12d,\ 0.5h_c)$$

2. 端部有外伸构造

$$底部贯通筋长度 = 筏板长度 - 2\times 保护层厚度 + 弯折长度$$

$$上部贯通筋长度 = 筏板长度 - 2\times 保护层厚度 + 弯折长度$$

弯折长度算法：

（1）弯钩交错封边。弯钩交错封边构造如图 8-12 所示。

$$弯折长度 = 筏板高度/2 - 保护层厚度 + 75\text{mm}$$

（2）U 形封边构造。U 形封边构造如图 8-13 所示。

$$弯折长度 = 12d$$

$$U\ 形封边长度 = 筏板高度 - 2\times 保护层厚度 + 12d + 12d$$

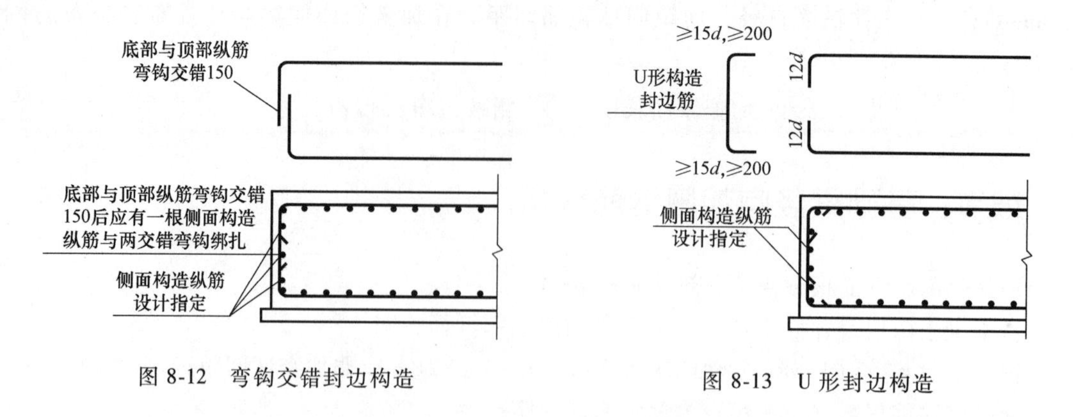

图 8-12　弯钩交错封边构造

图 8-13　U 形封边构造

（3）无封边构造：无封边构造如图 8-14 所示。

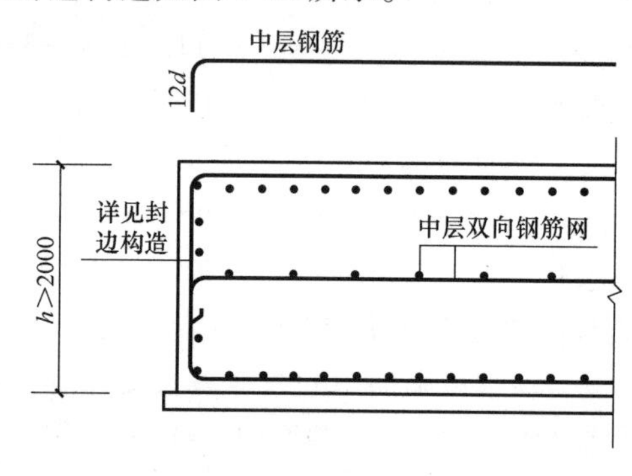

图 8-14　无封边构造

$$弯折长度 = 12d$$

$$中层钢筋网片长度 = 筏板长度 - 2\times保护层厚度 + 2\times12d$$

3. 梁板式筏形基础平板变截面钢筋翻样

筏板变截面包括几种情况：板底有高差，板顶有高差，板底、板顶均有高差。当筏板下部有高差时，低跨的筏板必须做成 45°或者 60°梁底台阶或者斜坡。当筏板梁有高差时，不能贯通的纵筋必须相互锚固。

（1）板顶有高差：基础筏板板顶有高差构造如图 8-15 所示。

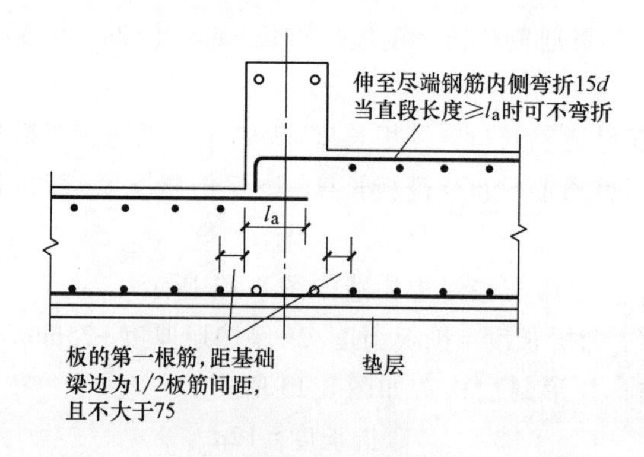

图 8-15　板顶有高差

低跨筏板上部纵筋伸入基础梁内长度 = max(12d, 0.5h_b)

高跨筏板上部纵筋伸入基础梁内长度 = max(12d, 0.5h_b)

(2) 板底有高差：板底有高差构造如图 8-16 所示。

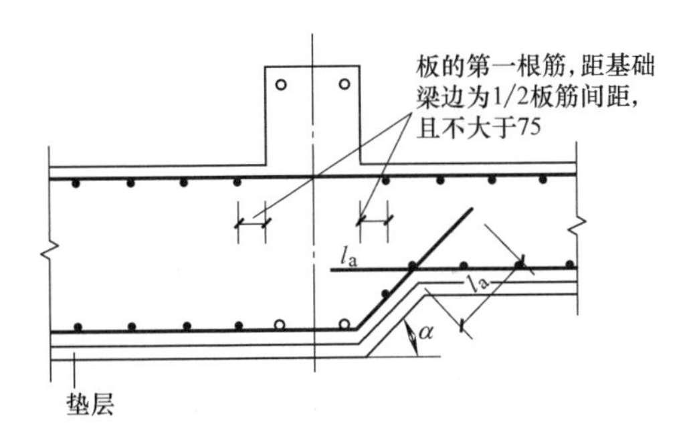

图 8-16　板底有高差

高跨基础筏板下部纵筋伸入高跨内长度 = l_a

低跨基础筏板下部纵筋斜弯折长度 = 高差值/sin45°(60°) + l_a

(3) 板顶、板底均有高差：板顶、板底均有高差构造如图 8-17 所示。

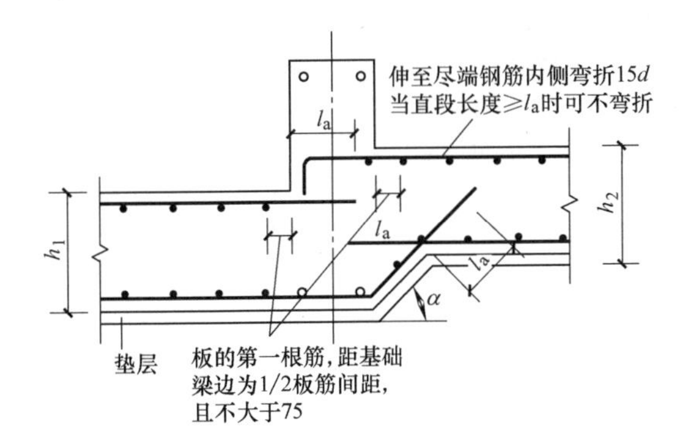

图 8-17　板顶、板底均有高差

低跨基础筏板上部纵筋伸入基础主梁内 max(12d, 0.5h_b)

高跨基础筏板上部纵筋伸入基础主梁内 max(12d, 0.5h_b)

高跨的基础筏板下部纵筋伸入高跨内长度 = l_a

低跨的基础筏板下部纵筋斜弯折长度 = 高差值/sin45°(60°) + l_a

参 考 文 献

[1] 中国建筑标准设计研究院. 16G101—1 混凝土结构施工图平面整体表示方法制图规则和构造详图（现浇混凝土框架、剪力墙、梁、板）[S]. 北京：中国计划出版社，2016.

[2] 中国建筑标准设计研究院. 16G101—2 混凝土结构施工图平面整体表示方法制图规则和构造详图（现浇混凝土板式楼梯）[S]. 北京：中国计划出版社，2016.

[3] 中国建筑标准设计研究院. 16G101—3 混凝土结构施工图平面整体表示方法制图规则和构造详图（独立基础、条形基础、筏形基础、桩基础）[S]. 北京：中国计划出版社，2016.

[4] 中国地震局. 中国地震动参数区划图：GB 18306—2015 [S]. 北京：中国标准出版社，2016.

[5] 中国建筑科学研究院. 建筑地基基础设计规范：GB 50007—2011 [S]. 北京：中国建筑工业出版社，2012.

[6] 中华人民共和国住房和城乡建设部，中华人民共和国国家质量监督检验检疫总局. 混凝土结构设计规范：(2015 年版) GB 50010—2010 [S]. 北京：中国建筑工业出版社，2015.

[7] 中华人民共和国住房和城乡建设部，中华人民共和国国家质量监督检验检疫总局. 建筑抗震设计规范：GB 50011—2010 [S]. 北京：中国建筑工业出版社，2010.

[8] 中国建筑标准设计研究院. 建筑结构制图标准：GB/T 50105—2010 [S]. 北京：中国建筑工业出版社，2011.

[9] 中国建筑科学研究院. 高层建筑混凝土结构技术规程：JGJ 3—2010 [S]. 北京：中国建筑工业出版社，2010.

[10] 上官子昌. 平法钢筋识图与计算细节详解 [M]. 北京：机械工业出版社，2011.